태교에서 아기와 함께하는
첫돌까지 교감여행

태교에서 첫돌까지
아기와 함께하는 교감 여행

초판 인쇄 2014년 8월 29일
초판 발행 2014년 8월 29일

지은이 김인혜
펴낸이 채종준
기 획 조가연
편 집 한지은
마케팅 황영주
디자인 이효은

펴낸곳 한국학술정보(주)
주 소 경기도 파주시 회동길 230(문발동)
전 화 031) 908-3181(대표)
팩 스 031) 908-3189
홈페이지 http://ebook.kstudy.com
E-mail 출판사업부 publish@kstudy.com
등 록 제일산-115호(2000.6.19)

ISBN 978-89-268-6483-8 13590

이담
books 한국학술정보(주)의 지식실용서 브랜드입니다.

태교에서
첫돌까지

아기와 함께하는
교감여행

글 _ 김인혜

이담
Books

추 천 사

최근 태교여행에 대한 관심이 무척 대단하다는 것을 느끼고 있습니다. 엄마 배 속에 있을 때의 태교가 실제 태어날 아기에게 영향을 미친다는 것은 이미 많은 연구들을 통해 밝혀진 바 있고, 음악 감상이나 여행 등 감수성을 자극하는 태교는 아기의 EQ지수를 높이는 데도 효과가 있다고 합니다. 그래서 저는 태교여행은 무리만 하지 않는다면, 좋은 태교 방법 중 하나일 것이라고 생각합니다.

이 책은 태교여행을 위해서 가장 적절하고 친절하게 쓰인 책이 아닐까 합니다. 임신주수별 유의해야 할 점에 관해서도 꼼꼼히 잘 챙기고 있고, 태교여행도 주수마다 적절한 여행의 예가 있어 꼭 같은 루트가 아니더라도 충분히 참고할 수 있을 내용들입니다.

저자가 직접 태교여행을 준비하고 경험하면서 얻게 된 생생한 알짜배기 내용들은 태교여행을 계획하는 임신부들에게도 좋은 정보가 될 것입니다. 여행을 떠나기 전 혹은 여행을 계획할 때, 이 책의 내용과 체크리스트를 읽고 떠나는 것만으로도 많은 도움이 되리라 생각합니다.

안전하고 즐거운 태교여행으로 임신기간 행복한 추억을 만드시길 바랍니다.

산부인과 전문의 **허달혁**

- 전남대학교 의과 대학 졸업, 산부인과 전문의
- 한림의대 외래교수
- 대한산부인과학회, 부인과내시경학회, 부인과종양학회, 비만치료학회 정회원
- 안산제일산부인과 부원장
- 천안고운빛산부인과 대표원장
- 현) 세종프라우메디산부인과 원장

생각만 해도 설레는 우리 아이와의 여행, 하지만 장거리 여행에 있어 아이의 건강에 대해 걱정이 앞서는 게 사실입니다.

보살핌이 필요한 아이와의 즐겁고 편안한 여행을 위해서는 많은 준비가 필요한데 이 책에는 출발 시 유의점부터 여행지에서의 응급 대처방법까지 상세히 담고 있어 여행을 위한 대비가 철저한 책이라 할 수 있겠습니다. 엄마의 사랑으로 만들어진 책답게 전문의가 봐도 놀랄 만큼 꼼꼼하게 정리되고, 세심한 케어가 돋보입니다. 이 책 한 권으로 주치의와 함께 다니는 것 같은 든든함을 느끼실 수 있을 거라 생각합니다. 영 · 유아와의 동반 여행에서 유용하게 활용될 것이라 믿으며 앞으로 아기와의 여행을 준비하는 엄마 · 아빠들에게 이 책을 추천해드리고 싶습니다.

소아과 전문의 **전영석**

• 부산대학교 의과대학 졸업, 소아과 전문의
• 일신기독병원 소아과 수련의
• 경상대학교 의과대학 박사
• 대한신생아학회, 대한소아알레르기호흡기학회 정회원
• 일신기독병원 소아과 주임과장　　　　• 부산의료원 소아과 주임과장
• 해운대성심병원 소아과 과장　　　　• 에디스여성병원 소아청소년과 원장
• 현) 부산 엘리움 여성병원 소아청소년센터 원장

프롤로그

인간의 본능 중에는 떠남의 본능도 있지 않을까?

대대로 기독교 집안이라 '점'이라는 걸 따로 본 적은 없지만 대학교 때 한창 유행하던 사주카
페에서 재미 삼아 두어 번 사주를 본 적은 있다.

"아이고~ 이 언니는 역마살이 제대로네~! 외국을 자주 나가겠는 걸? 아님 외국인이랑 결혼
해서 저~기 멀리 외국 가서 살게 되든지."
"우와, 그래요? 제가 원래 여행을 좋아해요. 어떡해~ 나 외국인 남자친구 만나야겠어!"

내 인생에 역마살이 있다는 말이 왠지 싫지 않았다.

당시 스무 살 조금 넘은 내게 '외국'은 참 설레는 단어였다.

'언젠가는 외국 가서 살 거야'라는 막연한 꿈이랄까 동경도 있었던 듯하다.

그리고 정말 내 사주에 있다는 그 역마살 때문인지는 몰라도 어느 날 돌아보니 여행이나 출장으로 거의 한두 달에 한 번씩 비행기를 타는 인생을 살고 있었고, 현재는 10년째 멀고도 가까운 일본이라는 외국에서 생활을 하고 있다. 외국인이랑 결혼할지도 모른다는 말은 빗나가 순수 토종 한국인 남편을 만났긴 했지만 말이다.(웃음) 그렇게 행복한 역마살 인생을 살고 있는 나는 임신 기간에도, 또 출산 후인 지금도 꾸준히 여행을 사랑하며 즐기고 있는 중이다.

태교여행은 생각했던 것보다 조심해야 할 부분들이 많았다. 그러나 안 갔으면 후회했을 정도로 우리 부부에게는 너무나 멋지고 소중한 시간들이었다.

엄마가 좋아서 가는 게 태교여행이라고들 하지만, 그보다는 부부의 의미, 가족의 의미를 다시 한 번 생각하게 하는 시간이 되었던 것 같다. 평소 맞벌이 하느라 서로 바빠 대화가 부족하기 쉬운 부부라면 더더욱 태교여행을 추천하고 싶다. 아기가 태어나면 당분간 부부가 둘이서 시간을 보내기는 쉽지 않으니 온전히 서로에게 집중할 수 있고, 앞으로의 인생계획도 함께 이야기할 수 있어 부부에게 의미 있는 시간이 될 것이라 확신한다.

그리고 출산 후 아기와 함께하는 여행은 지금까지의 나의 여행 패턴을 바꾸어놓을 정도로 새로운 세상이 시작되었다. 아들 하준이는 다행히 많이 칭얼거리거나 우는 아기는 아니어서 여행에 큰 어려움은 없었지만 수유준비물과 아기 짐 챙기는 일부터 시작해 아기의 사이클에 여행 일정을 맞추는 것 등 초보엄마에게 쉬운 일은 없었고, 여러 번의 시행착오를 겪었다.

사실 아기와의 여행은 변수가 뒤따르는 위험이 있어 나 역시도 괜히 무슨 일이 생길까 두렵기도 했고, 아기를 데려가는 것 자체가 부담스럽기도 했다. 하지만 한두 번 다녀오니 준비만 제대로 해가고 아기의 컨디션 파악만 잘 한다면 그리 두려워할 일은 아니라는 결론을 얻었고, 오히려 여행으로 인해 얻어오는 게 더 많아 같이 여행 가길 참 잘했다는 생각이 든다.

내가 하준이와 몇 번의 여행을 다녀오자 주위에서는 여행을 정말 가고 싶지만 아기를 데려갈 자신이 없다고, 아기 때문에 좋아하던 여행을 못 가게 되었다고, 어떻게 아기를 데리고 여행을 다녀왔냐고 묻는 사람들이 많아졌다.

그럴 때마다 나는 준비만 잘해 가면 아기와 함께 충분히 여행을 즐길 수 있다고 대답한다. 또한 아기와 더욱 깊은 유대관계를 가질 수 있는 좋은 시간이니 꼭 다녀오라고 덧붙인다.

임신기간의 태교여행과 돌쟁이 아기를 데리고 간 몇 번의 해외여행들. 태교여행도 그랬지만 아기와 함께하는 여행 역시 준비하는 과정에서 내가 딱 원하는 정보와 자료를 찾는 일이 그리 쉽지만은 않았다. 많은 정보의 홍수 속에서 꼭 필요하다 싶은 자료들을 수집하고 부족한 부분들은 내가 현지에서 직접 체험하면서 보충했다.

임신부였던 내가, 그리고 현재는 두돌쟁이 애기엄마인 내가, 그 당시에 직접 부딪치며 준비하고 경험했던 내용들을 최대한 생생하게 이 책에 담았다. 지금 배 속에서 아기를 만나고 있는 예비맘들, 혹은 출산 후 아기를 만나 좌충우돌 육아에 정신없는 초보맘들이 이 책을 통해 조금이라도 편하게, 그리고 안전하게 여행을 할 수 있었으면 하는 바람이다.

지금 하준이가 그렇듯 아기가 두 돌만 넘어가도 여행준비물이 확 줄고, 준비할 내용이 그리 많지 않다. 그러나 아기가 어릴수록 그리고 첫 아기를 만난 초보 엄마, 아빠일수록 이 책은 여러 방면에서 빛을 낼 수 있을 것이라 생각한다.

그리고 아기 때문에 올여름 휴가 계획을 방콕으로(태국의 수도가 아닌) 잡고 계신 엄마, 아빠가 이 책을 통해 조금이라도 용기를 낼 수 있는 계기가 된다면 더 할 나위 없이 기쁠 것 같다.

도쿄에서 김인혜

Contents

Contents

PART **2**

우리 아기
만난 후
| 아기와 함께하는 여행

PART 1

우리 아기
만나기 전
| 태교 여행

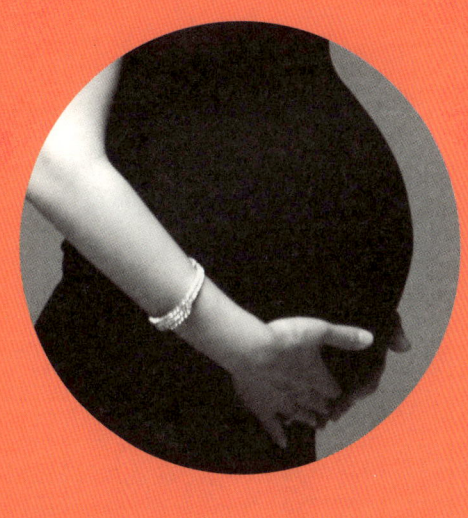

{ 내 인생에서 가장
위대한 일, 임신 }

임신, 그 신비한 배 속 세계와의 만남

지난 몇 년 동안 내가 버린 임신테스트기의 개수는 별로 중요하지 않았다.

그보다 이번에도 또 실망하게 될까 두려웠다.

증상놀이도 몇 년 하다 보니 이제 뭐가 임신 증상이고, 뭐가 기분 탓인지 헷갈린 지 오래다. 증상놀이에 한두 번 속은 것도 아닌데, 그래도 왠지 이번에는 진짜 맞을 것 같은 생각에 내심 또 기대가 됐다. 이 기분 역시 한두 번이 아니지만 매번 또 그랬다.

'실망한 남편 얼굴을 보면 내가 더 슬퍼지니까 테스트기로 정확히 알기 전까지는 남편에게 이야기하지 말아야지.'

병원에서 배란일도 받아 봤고, 배란기테스트기도 사용해 봤고, 기초체온으로 배란일도 체크해 봤지만, 아기 천사는 그리 쉽게 찾아와 주지 않았다. 결국 불임 전문클리닉을 찾아가 남편과 나, 둘 다 불임검사까지 받았다. 다행히 이상 없다는 결과가 나왔지만 그로부터 일 년이 지나도록 여전히 임신은 우리의 과제였고, 해가 지날수록 점점 마음이 초조해졌다.

'이제 나이도 있고 자연임신은 그만 포기하고 전문적으로 해보자'라고 힘들게 마음을 먹었던 그해 여름, 유명하다는 한 불임클리닉을 지인으로부터 소개받고, 병원 홈페이지에 있는 성공사례들을 읽으며 '우리도 언젠가 엄마, 아빠가 될 날이 오겠지……?' 하면서 남편과 그렇게 서로를 위로했다.

"더위가 좀 가시고, 선선한 가을이 오면 이제 같이 병원 다니자" 하며 마음을 내려놓았던 늦여름, 8월의 마지막 날, 아기가 기적처럼 우리를 찾아와 주었다.

그날의 감동과 기쁨은 평생 잊지 못할 것 같다.

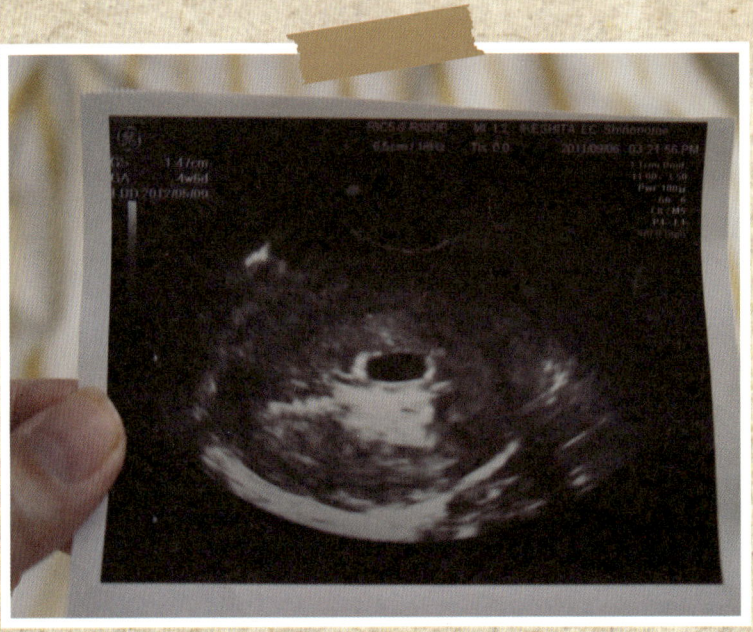

┆ 첫 초음파 사진, 100번 아니, 1,000번은 들여다봤던 이 사진

┆ 그 어떤 값비싼 명품가방보다 더 내가 갖고 싶었던 건, 바로 이 배지가 달린 가방!
가방에 다는 임신부 마크, '배 속에 아기가 있어요'

'배 속에 아기가 있어요' 배지를 가방에 달았다.

정말? 정말 내 배 속에 아기가 있는 거야?

아가야, 너 정말 거기 있는 거니? 엄마, 아빠는 오랫동안 너를 기다려왔단다.

이 배지를 달고 있으면 천하무적 태권브이라도 된 것처럼 무서울 게 없고 세상을 다 가진 듯 행복했다.

그러나 이러한 행복은 오래 가지 않았다.

임신을 알게 된 그다음 주부터 거짓말처럼 바로 시작된 지독한 입덧 때문에 음식을 거의 먹을 수가 없게 된 것이다. 임신 초기에서 중기까지 내내 병원을 다니며 링거와 수액을 맞는 생활이 시작되면서 '임신'이라는 과정이 왜 내게는 이렇게 힘들까 하는 불만도 생겨났다.

하루에 방울토마토 3개로 겨우 끼니를 연명하며, 회사에는 임시휴직을 신청하고 하루 종일 침대에서 누워만 지내는 생활이 계속되었다. 화장실을 가려고 침대에서 일어설 때면 온 세상이 하얗게 빙빙 돌아 결국 화장실도 기어서 가야만 했다.

'세상에 이렇게 맛있는 게 많은데 왜 하루에 3끼밖에 못 먹을까'를 고민하고 살아왔던 나인데 먹는 생각만 해도 스트레스가 되고, 이렇게 거짓말처럼 식욕이 없어지다니 믿기지 않을 정도였다.

포동포동 살찌고 귀여운 얼굴로 한겨울 한밤중에 남편에게 "자기야~ 우리 아가가 갑자기 딸기가 먹고 싶다고 그러네?" 하며 임신한 티를 팍팍 내는 행복한 임신부는 내겐 드라마에서나 존재하는 먼 나라 이야기였고, 현실의 나는 얼굴은 앙상하고, 피부는 점점 거칠거칠해지고, 몸은 힘이 없어 대화조차 힘들어 비실대는 임신부일 뿐이었다.

임신이고 뭐고 딱 죽겠다 싶다가 안정기로 접어들자 새하얗기만 했던 주위도 조금씩 보이기 시작하고, 몇 달간 혼미했던 정신도 살짝 제자리로 돌아오기 시작하자, 그동안 잊고 지냈던 한 단어가 생각났다. 내 퍽퍽한 일상에 오아시스 같은 존재, 누구 말처럼 내 심장을 쫄깃하게 하는 이 멋진 놈!

"여행!"

아, 바깥 공기 좀 쐬고 싶다

솔직히 말하자면 태교에는 별로 큰 관심도 없으면서 엄마가 즐겁고 행복한 게 최고의 태교니까 태교여행은 꼭 가야 한다고, 식상하고 앞뒤 안 맞는 필요충분 조건을 내세우며 남편을 졸라댔다.

남편도 다소 난감한 표정을 짓긴 했지만 그러자고 오케이 사인을 날려주었고, 그렇게 무늬만 태교 여행인, 우리의 '먹고 쉬는 여행'이 시작되었다.

사실 태교여행이라고 해서 여행 내내 아기에게 태담을 해준다든지, 굳이 태교 여행이라는 이름을 의식해 특별한 행동을 한 건 없다. 남편에게 말한 것처럼 정말 '즐겁고 행복한 기분으로' 여행 내내 잘 지내다 왔다. 물론 아무런 준비 없이, 그리고 어쩌다 보니 우연히 '즐겁게', '행복하게' 여행한 것은 아니다.

'즐겁고', '행복한' = '안전하고 편안한' 태교여행을 만들기 위해서는 나름대로의 준비가 필요하고, 특히 임신부가 하는 여행이니 만큼 확실한 사전 준비가 있어야 한다.

만약 지금 이 책을 읽고 있는 당신이 임신부 혹은 예비 임신부라면(어쩌면 인생에 단 한 번밖에 없을!), 이 임신 기간을 더없이 행복하게, 그리고 아주 특별하게 보내라고 말하고 싶다. 그리고 그 행복하고 특별한 프로젝트 중 하나가 태교여행이 아닐까 싶다.

굳이 멀리, 혹은 오래, 또는 럭셔리하게 가지 않아도 된다. 당일 근교 여행도 좋고, 1박 2일 호텔 휴양 여행도 좋고, 맛난 음식 찾아다니는 여행도 좋다. 즐거운 마음으로 태교여행을 계획하고 또 행복하게 여행을 즐기는 것만으로도 충분히 멋진 태교가 될 거라 생각한다.

행복한 태교여행을 할 준비가 되었다면 이제 본격적인 태교여행 이야기를 시작해보자! 고고!

 산부인과 의사선생님 **코멘트**

입덧이란?

일반적으로 임신 5주에서 12주 사이에 발생합니다. 임신 중 혈중 융모성선자극호르몬 (HCG) 증가로 에스트로겐 분비가 증가함에 따라 내분비 기능 불균형이 일어나고 이로 인한 신진대사의 변화, 위장관 운동의 감소로 인해 구역질 혹은 구토 증상이 나타나게 됩니다. 임신부의 70% 이상이 이 입덧을 경험하게 되며 개인차가 심하고 심리적인 요인도 큽니다. 이 중 치료가 필요한 경우는 전체 임신부 중 2% 정도입니다(탈수, 전해질 불균형, 저혈압에 따른 혈액량 감소). 입덧은 20세 미만의 임신, 초임부, 쌍태아 임신의 경우 증상이 더 심할 수 있으며 임신 중 입덧이 심한 경우도 여행의 저해요인이 될 수 있습니다. 임신의 제2삼분기(15~28주)에 접어들어서 입덧이 사라지지 않고 더 심해지는 경우에는 갑상선 기능의 이상 여부를 확인하는 것이 좋습니다.

태교여행 언제, 어디로 가면 좋을까?

1기: 임신 초기 (1~12주)

임신 초기에는 무조건 안정! 유산의 대부분이 이 임신 초기에 일어난다.

그만큼 이 시기는 아기가 배 속에서 잘 자리 잡을 수 있도록 엄마가 환경을 만들어주는 시간이며 아기가 엄마를 찾아오는 긴 여행의 시간이다. 아기가 불편함 없이 여행을 잘할 수 있도록 엄마가 도와주어야 한다. 이 시기에는 여행은 물론 장기간 외출은 자제하고 몸이 피곤하거나 무리하지 않도록 한다.

체력의 여유가 있다면 앞으로의 여행지 선정이나 일정 계획을 짜 두자. 여행은 출발해서 가는 것도 물론 즐겁지만 미리 예약해 놓고 기다리는 것도 여행의 또 다른 즐거움이다. 여행을 하지 못하는 아쉬움도 달래고, 미리 여행준비도 해 두는 일석이조의 효과가 있다.

컴퓨터 사용은 눈의 피로와 전자파의 우려가 있으니, 가고 싶은 여행지를 결정한 후 가이드북을 사서 소파에 푹 퍼질러 앉아 보는 자세 추천! (남편이 대령해 준 맛난 간식과 함께)

- 무조건 안정: 누워 있는 게 최고!
- 머릿속에서 여행지 후보와 일정 구상하기
- 컴퓨터보다는 가이드북으로 여행지 정보 리서치하기

2기: 초기~중기 (12~20주)

초기 유산을 걱정해야 하는 시기는 지났다.

오히려 너무 누워만 있는 것보다 조금씩 몸을 움직이고 스트레칭 같은 가벼운 운동을 해주는 것이 좋다고 한다. 그리고 컨디션이 괜찮다면 드디어 여행을 갈 수 있는 시기이다. 물론 아직도 초기이므로 조금은 조심하는 게 좋다. 따라서 이 시기에는 이동시간이 길고 일정도 다소 길어지는 해외보다는 1박 2일 정도로 국내 근교 여행을 하는 것이 좋다.

사실 나 같은 경우도 입덧이 아직 남아 있는 시기라 힘들긴 했지만 너무 오랫동안 집 안에만 있는 것보다 남편 혹은 주위의 배려와 도움을 받으며 외출이나 1박 2일 정도의 짧은 여행을 가는 게 더 기분전환이 되었다. 관광으로 테마를 잡지 말고, 리프레시와 휴식을 테마로 근교의 호텔 스테이 등이 추천할 만하다. 맛집 - 호텔 스테이 - (임신부 스파 프로그램 등 이용) - 호텔 휴식 - 맛집 정도의 일정이면 무난하게 태교여행을 즐길 수 있다. 그리고 날씨가 좋은 봄이나 가을이라면 남편이랑 손잡고 호텔 근처를 산책해도 좋다.

태교여행이라는 테마에 조금 더 비중을 두자면, 노트북에 KBS 다큐멘터리 〈태아〉를 다운로드해 호텔에서 예비 아빠, 엄마가 같이 보는 것을 추천한다. 생명탄생의 신비에 대해서 감동을 느끼게 되는 좋은 제작물이다.

♥♡ 호텔 스테이를 할 경우에는 트윈베드를 이용해보자.

집에 있는 더블베드에서 매번 남편 팔베개를 하고 잤다면, 호텔에서는 트윈베드로 자는 것도 괜찮다. 각자 편하게 팔다리를 대자로 뻗고 자면 참 편하다. 임신 초기에서 중기로 넘어가면 체중도 붓고 배도 살짝 나오는데 각자 침대 하나씩 차지하고 이리 뒹굴 저리 뒹굴 하면서 혼자 자는 것도 숙면에 도움이 된다.

- 차로 이동시간은 한두 시간 이내: 이동 시 자주 스트레칭을 해줄 것
- 근교의 호텔 스테이 혹은 리조트 숙박은 1박 2일이 적당: 힐링과 휴식 위주의 여행
- 혹시 모를 비상사태를 대비해 산모수첩은 항상 지참할 것
- 최대한 가볍고 움직이기 좋은 복장, 허리를 너무 조이지 않기
- 피곤하면 발이 부을 수 있으므로 신고 벗기 편한 플랫슈즈 혹은 운동화 착용
- 임신부 비타민이나 엽산도 잊지 말기

3기: 중기(20~28주)

이제 드디어 안정기에 접어들었다(사실 이 시기까지가 참 길게 느껴진다).

이 시기부터는 기차나 비행기 등을 타기에도 부담이 덜해 여행을 가기에 가장 적합한 시기라 할 수 있다. 또한 컨디션이 나쁘지 않으면 이동이 다소 장거리라 할지라도 이동시간 중 몸을 충분히 움직여 주면서 도전해 볼 만하다.

보통 중기 때 가장 많이 찾게 되는 태교여행지는 바로 제주도이다. 일단 국내 여행이니까 만약의 응급상황이 발생할 경우에 대처가 쉽다는 점과 비행시간이 짧은 점(일단 여행은 짧게나마 비행기를 타 줘야 제 맛이니), 맛있는 먹거리, 설렁설렁 산보하기 좋은 관광지, 합리적인 여행경비 등 착한 태교여행으로 꼽을 수 있는 많은 이유가 있다.

제주도 정도면 양가 어른들도 다녀오라고 흔쾌히 승낙해 주실 테고 가장 무난하면서도 충분히 멋진 태교여행지가 될 수 있을 것이다.

하지만 나처럼 이 시기가 겨울이라 좀 따뜻한 나라로 가고 싶다, 혹은 제주도는 조금 식상하다, 조금 더 멀리 가고 싶고, 조금 더 여행다운 여행을 하고 싶다는 모험심 강한 예비맘은 자꾸 해외로 눈길이 간다.

만약 태교여행을 해외로 가기로 정했다면 여행 지역 선정은 가능한 한 휴양지 위주로 선택하며 여행일정은 숙소에 누워서 쉴 수 있는 자유시간을 충분히 확보해두는 것이 좋다.

해외 태교여행 추천 및 비교

여행지	비행시간 (인천출발 직항기준)	시차 (서울 기준)	날 씨	쇼 핑	기 타
일본	2시간	없음	한국과 비슷	유아용품	한국과 가까움 산보하기 좋은 관광지
필리핀	3시간 30분	−1시간	1~2월 건기 여행 적기 그 외 우기 스콜현상	드라이망고, 코코넛칩 등 간식류	예쁜 바다와 함께 휴양을 즐기기에 적합
괌	4시간	+1시간	1~5월 건기 여행 적기 6~12월 우기 스콜현상	대형 아웃렛, 대형 쇼핑몰 미국 제품을 쇼핑하기 좋음	출산 준비물 등 쇼핑하기 좋음
사이판	4시간 30분		1~5월 건기 여행 적기 6~12월 우기 스콜현상	편집숍 등	예쁜 바다와 함께 휴양을 즐기기에 적합
태국	5시간 30분	−2시간	11~2월 건기 여행 적기 5~10월 우기 스콜현상	와코루 속옷 나라야 가방	맛있는 음식과 럭셔리 호텔 휴양
발리	7시간	−1시간	10~3월 건기 여행 적기 4~9월 우기 스콜현상	편집숍 등	프라이빗 빌라에서 둘만의 휴식
하와이	9시간	−19시간	6~9월 건기 여행 적기 10~3월 우기 스콜현상	사전에 인터넷으로 주문	미국제품 직구쇼핑에 용이 온화한 날씨

♥ ♡ 비추천 – 패키지여행

항공권과 숙박, 식사까지 포함된 패키지여행은 가격적인 메리트가 있긴 하지만 다 같이 단체버스를 타고 우르르 몰려다니며 관광을 한 후 단체로 면세점 혹은 보석가게 등에서 쇼핑을 강요당하는 경우도 있다. 정해진 일정대로 무조건 다녀야 하니 마음껏 쉴 수 없는 것은 물론, 오히려 육체적 정신적 스트레스가 더 커질 수도 있으니 패키지여행은 피하는 것이 좋다. 여행을 준비할 시간이 부족한 경우라면 호텔팩(항공+호텔만 예약된 자유일정의 여행)으로 예약하자.

- 해외여행 출발 전에 미리 병원을 방문하여 의사선생님의 조언을 구하고, 혹시 모를 비상사태에 대비해 영문 소견서 준비하기(항공사에 따라 의사소견서 필수)
- 가능한 한 국적기, 직항 비행기를 선택하며 국적기인 경우는 해피맘 서비스 등 사전에 임신부 서비스를 받을 수 있는 곳이 있으니 미리 확인하기
- 임신부는 공항 보안검사 시 "X선 검사대"를 통과하지 않고 공항여직원이 따로 직접 검사를 하게 되니, 검사기계 통과 전 입구에서 임신부임을 이야기하기
- 기내에서는 편안한 복장과 편안한 신발 필수

4기: 중기~후기(28~32주)

해외여행이나 다소 긴 장거리 여행의 경우에는 3기인 20~28주에 완료하고 이 시기에는 출산준비와 컨디션 조절을 하면서 근교로 1박 2일~2박 3일 정도의 여행이 적당하다.

- 가능하다면 장거리 여행은 자제하고 근교여행 정도가 적당
- 배 뭉침이나 통증 등에 민감히 반응하고, 힘들 때는 바로 쉬기

5기: 후기(32~40주)

이 시기부터 임신부의 몸은 조금씩 출산 준비에 들어간다.

나의 경우 예정보다 빠른 37주에 양수가 새 유도분만을 통해 출산을 하게 되었다. 사실 35주쯤 예정일까지 아직 한 달 이상 남아 있다고 여유 부리며 친구

가족의 제주도 여행에 같이 껴서 가려다가 남편과 친정엄마의 만류로 포기했는데 그때 거기 갔다가 출산이라도 했으면 어떻게 되었을까? 생각만 해도 황당하고 위험한 상황이다.

아기가 40주 약속된 예정일에 딱 나오면 좋겠지만, 언제 나올지는 아무도 모른다. 아무리 욕심나는 여행이라도 32주 이후로는 무모하게 떠날 필요가 없다. 혹시나 하는 걱정에 마음 편하게 즐기지도 못할 여행은 과감히 포기하고 곧 떠나게 될 새로운 여행지인 병원과 조리원에 들어갈 출산 가방 짐을 꾸려 두자.

- 장거리, 장시간 외출을 자제하고 몸의 컨디션에 민감히 반응할 것
- 출산 후기 등을 읽거나 출산 교육 등에 참석하여 출산 임박 시 양수파열 등으로 당황하지 않도록 미리 머릿속에 출산에 대해 시뮬레이션하기
- 출산 준비물을 챙기고 미리 출산 가방을 싸기

 산부인과 의사선생님 **코멘트**

임신 시기에 따른 위험

임신 제1삼분기(임신 확인 시부터 임신 14주 이내)에는 초음파검사를 통하여 정상 자궁 내 임신 여부를 확인해야 합니다. 이는 자궁외임신이나 유산기가 저명한 임신을 배제하기 위함이며, 특히 하복통이나 질출혈 등의 이상증상이 있는 경우 초음파검사의 중요성은 더욱 커집니다. 여행 자체로 인한 유산이나 자궁외임신의 위험도 증가가 보고된 바는 없지만, 만일 여행 중 이런 상황이 발생했을 때 적절하고 신속한 대처가 어렵기 때문입니다.

임신 제2삼분기(15~28주)는 임신으로 인한 합병증이 상대적으로 덜한 시기여서 비교적 여행에 적절한 시기라고 볼 수 있습니다. 하지만 조기분만의 위험이 있거나 분만 중 심각한 출혈이 예상되는 경우, 중증의 전자간증(임신중독증) 등의 위험이 있다고 판단되는 경우에는 보다 신중하게 여행계획을 수립하는 것이 필요합니다.

임신 제3삼분기(29주 이후)에는 예기치 않은 조기분만이 발생할 수 있기 때문에 조기분만의 고위험군에 속하는 산모(조산 기왕력, 쌍태아 임신, 자궁경관무력증)는 가급적 여행을 피하는 것이 좋습니다.

태교여행 준비하기

어디로 갈지 여행지가 결정되었으면 다음은 여행 사전 준비를 꼼꼼히 챙길 차례다. 사전 준비와 체크리스트를 얼마나 꼼꼼하게 확인했는지에 따라 태교여행의 안전도 여부가 결정되고, 이 안전도 여부는 여행의 만족도와 절대적으로 비례한다. 즉, 즐거운 여행을 하고 싶으면 꼼꼼히 준비해서 떠날 것!

1. 산부인과 담당 선생님과 상담 & 소견서

만약 비행기로 이동하는 경우(특히 중장거리)라면 몸의 상태를 본인이 판단하지 말고 반드시 산부인과 담당 선생님께 상담을 하고 결정한다. 그리고 항공사에 따라서는 소견서를 필요로 하는 곳도 있으니 미리 체크해 두고 현지에서의 비상사태에 대비하여 담당 의사의 영문 소견서를 준비해간다.

2. 중장거리는 가능한 한 직항편으로 예매하기

당연한 이야기이지만 이동거리는 짧으면 짧을수록 좋다.

경유 항공편을 이용할 경우 이동시간, 대기시간 등이 길어져 몸에 무리가 올 수 있으니 가능한 한 직항편을 이용하도록 하자. 이동 동선은 최대한 짧게, 그리고 비행기 내에서는 주기적으로 스트레칭하며 몸 풀기를 잊지 말자. 특히 중장거리의 경우는 더 준비를 단단히 해야 한다. 기내에 있는 시간이 지루하게 느껴지면 거기서부터 컨디션이 급 하락하기 때문이다.

미리 항공기종을 확인하여 개인 모니터가 있는 경우는 영화나 드라마 등을 보면서 깨어 있는 시간을 최대한 지겹지 않게 보내고, 만약 일부 외국항공사와 같이 개인 모니터가 설치되어 있지 않은 경우라면 노트북이나 태블릿PC에 재미있는 드라마를 담아 가도록 하자. 너무 잔인한 수사물이나 심한 긴장감을 유발하는 스릴러를 제외하고 편하고 가볍게 볼 수 있는 드라마나 유쾌하게 볼 수 있는 예능 프로그램 등이 좋다.

나의 경우에도 하와이-인천 구간 동안 미드 시리즈물을 보면서 밥 먹고, 드라마 보고, 한숨 자고를 반복하다 보니 제법 긴 시간을 지겹지 않게 보낼 수 있었다. 갔다 왔다 왕복시간을 계산해서 조금 여유 있게 용량을 준비해 가면 안심이다. 예산에 여유가 있다면 비즈니스 클래스를 선택하면 좋겠지만 일반 체형의 임신부라면 이코노미 클래스도 큰 문제는 없다. 대신 움직이기 편한 복도 쪽 좌석에 앉아 스트레칭을 자주 하도록 하자.

3. 편히 쉴 수 있는 숙소 예약하기

허니문 여행처럼 단독 풀빌라를 가거나 프라이빗이 완벽하게 보장된 꼭꼭 숨겨진 리조트를 갈 필요는 없다. 그렇다고 해서 배낭여행객용의 너무 저렴한 숙소를 잡는 것도 교통 면에서나 위생 면에서 임신부가 쉬기에는 조금 부적합하다. 호텔의 랭크와 룸 컨디션은 각자의 취향과 예산이 있을 테니 거기에 맞게 선택하되 위치는 쇼핑센터 등 시내와의 이동거리가 가까운 곳으로 호텔을 정하는 것이 좋다.

호텔이 멀면 한 번 외출을 나와서 다시 들어가 쉬는 게 어렵고 여행지에 따라서는 러시아워에 걸려 택시 내에서 오랜 시간을 보내야 할지도 모른다. 평소와는 달리 쉽게 피로감을 느끼게 되는 임신부는 일정 중 잠시 쉬어 주기도 하고, 중간중간 낮잠을 자기도 해야 하므로, 다니기 좋은 위치의 호텔을 선택하자. 사실 위치가 좋으면 호텔비가 껑충 뛴다. 그래도 임신부의 컨디션이 최우선인 태교여행이니 숙소에는 조금 투자를 하는 것이 좋다.

4. 무리 없게 일정 짜기

여행지가 어디인지에 따라 그 일정 역시 천차만별이다. 쇼핑, 관광, 가벼운 물놀이…… 다 좋지만 포인트는 언제든 쉴 수 있는 환경을 만드는 것이다.

예를 들어 하루 종일 관광이나 물놀이를 하는 투어를 신청한다든지 하는 것은 NG!

꼭 가고 싶은 투어가 있다면 반나절 정도로 타협하고 나머지 반나절은 휴식 혹은 근처 쇼핑 정도로 만족하자.

그리고 스킨스쿠버나 바나나보트 등 몸에 무리를 줄 수 있는 해양 스포츠도 자제하는 것이 좋다. 물이 깊지 않은 곳에서 짧은 시간 스노클링을 하는 정도는 괜찮지만 이 역시도 만약 처음 해 보는 거라면 지금은 도전할 타이밍이 아니다. 아기가 크면 같이 하시길!

또한 현지 맛집을 방문하여 해산물 등과 같이 신선도와 관계되는 음식을 먹을 경우 포장마차처럼 너무 비위생적인 곳은 피하고, 호텔 내 식당이나 규모 있는 레스토랑과 같이 안전한 곳을 선택하도록 한다. 생굴 등 날것 등을 최대한 삼가 고 처음 먹게 되는 향신료, 위에 자극적이거나 부담을 주는 음식은 피하는 것이 좋다.

마사지나 스파를 받는 경우에는 사전에 임신부임을 이야기하고 가능하면 임신부 전용 프로그램을 받도록 한다. 특히 아로마 마사지에 사용되는 여러 가지 허브 오일 중에는 자궁 수축 작용을 돕는 효과가 있는 제품들이 많으므로 아로마 오일, 아로마 테라피의 사용은 자제하도록 한다.

5. 응급 시 방문할 산부인과 찾아두기

만약 응급상황 발생 시에 급하게 병원을 찾으려면 언어의 장벽과 함께 더더욱 당황하게 된다. 출발 전 미리 병원의 위치, 진료시간을 확인해두고, 호텔에서의 동선 등을 미리 체크해 두면 안심이다.

6. 간편한 옷차림

일반적으로 태교여행지는 리조트 지역이 많으니 편안하게 입어 주면 좋다. 하지만 루즈핏 원피스는 주위 사람들이 임신부인지 알아채지 못해, 미처 배려를 받지 못할 우려가 있으니 신축성 좋고 편안한 저지 원단의 원피스에 배를 '쭈욱' 내밀며 당당한 D라인을 뽐내고 다니자. 움직이기 편한 옷이 최고이긴 하지만 나중에 두고두고 볼 사진이 될 수 있도록 최대한 예쁘게 스타일링하는 것도 잊지 말 것!

신발은 굽이 전혀 없는 플랫슈즈보다는 굽이 1~2cm 정도 있는 편이 더 좋다고 한다. 신고 벗기 편한 낮은 굽의 플랫슈즈나 발이 편한 운동화를 추천한다.

개인적 취향으로는 약간 드레스업해야 할 경우라면 레페토(미리 끈을 느슨하게 묶어두면 신고 벗을 때마다 끈을 풀지 않아도 된다), 캐주얼하게 편하게 신는 용도라면 탐스와 미네통카의 모카신을 추천한다. 장시간 걸어도 발이 아프거나 피곤하지 않아 왜 그렇게 인기인지 실감할 수 있었던 아이템들이다.

 산부인과 의사선생님 **코멘트**

임신부의 여행 전 숙지사항

해외여행을 계획할 경우, 임신과 관련하여 문제가 발생했을 때 적절하고 신속한 진료를 받을 수 있도록 여행목적지 주변의 의료기관에 대한 사전정보를 갖는 것이 중요합니다. 그리하여 그 병원의 임신으로 인한 합병증 관리 가능 여부, 제왕절개 출산 가능 여부, 조산아나 신생아에 대한 관리 가능 여부 등도 확인해두면 좋습니다. 또한 임신부는 반드시 여행 전에 자신의 혈액형을 재차 확인하여 예기치 못한 출혈이 발생했을 경우 불가피한 경우의 수혈에 대비하여야 합니다.

임신부 여행 시의 위험요소와 질병

태교여행 중 스쿠버다이빙은 태아에게 감압증후군을 유발할 수 있으므로 임신 중에는 가급적 피하도록 합니다. 그리고 임신 중 높은 고도에 노출되는 것이 반드시 해롭다고 말할 수 없지만, 높은 곳의 여행지(고도 3,000m 이상)는 응급상황 시에 의료혜택을 받기 어려운 경우가 많기 때문에 피하는 것이 좋습니다.

임신부 여행 시 발생 가능한 질병에 관해서는 무엇보다도 감염성 질환에 이환될 경우 태아에 악영향을 미칠 수 있기 때문에 그 예방과 치료가 필요합니다.

여행 전 모든 산모에게 예방주사를 시행하는 것이 유리한지에 대해서는 여전히 이견이 있지만, 예방목적으로 비활성화된 백신이나 톡소이드(toxoid)를 사용하는 것은 위험도가 거의 없다고 알려져 있어, 감염의 고위험지를 여행하는 경우 미리 백신을 접종하는 것이 바람직하다 할 수 있습니다. 또한 여행 중인 임신부는 인플루엔자에 걸릴 위험성이 높기 때문에 인플루엔자 백신을 미리 맞는 것이 좋습니다. 그 외에 임신부가 여행 중에 주의해야 할 감염성 질환으로는 결핵, E형 간염, 풍진, HIV감염, 장티푸스 등이 있습니다.

열대나 아열대 지방을 방문하는 사람들에게서 여행자 설사가 발생할 수 있는데, 임신부의 경우 위장관 운동 저하와 음식물의 장 통과속도 저하로 인한 심각한 탈수와 케톤증이 유발되고 조기분만의 위험성이 증가될 수 있습니다. 특히 톡소플라스마나 리스테리아증은 태아에게 심각한 후유증을 유발할 수 있으므로 음식과 물로 전파되는 질환에 유의해야 합니다. 또한 모기 등의 곤충류에 의해 말라리아에 걸리면 저혈당, 유산, 사산, 조기분만의 위험성이 높아지므로 말라리아 풍토병이 있는 지역에 여행계획이 있는 경우 여행

전에 말라리아 전문가와 상담하고 화학적 예방을 시행하도록 합니다. 간염 중 특히 E형 간염은 임신한 여성에게 특히 위험하고 예방백신이 없기 때문에 여행 중에 오염된 물과 음식을 피하도록 주의합니다.

임신 중 장거리 비행기 여행

항공사마다 임신부 비행에 대한 규정이 조금씩 다르지만, 대개 임신 28주 미만은 일반인과 다름없이 자유로운 여행이 가능하며, 단태 임신인 경우 임신 37주, 다태 임신인 경우 임신 33주 미만까지 탑승이 가능합니다.

임신부는 비행기 예약 시 임신 주수와 출산예정일을 항공사에 알려야 하고 산부인과 전문의로부터 여행 가능 여부, 탑승 시의 임신일수, 출산예정일, 산과적 주의사항, 임신합병증 유무, 혈액형 등에 대하여 기술한 건강진단서를 교부받아 지참하고 비행하는 것이 바람직합니다.

항공기 객실 내부는 상대적으로 기압이 낮기 때문에 임신부의 심박수가 빨라지고, 혈압이 높아지며 동맥혈 산소농도가 감소하게 됩니다. 일반적으로 태아의 혈색소는 산소결합능이 높아서 대부분의 건강한 임신부의 경우에는 낮은 기압환경에서 태아에 문제가 발생하지 않지만, 심폐기관에 장애가 있거나 중증 빈혈이 있는 임신부의 경우, 때에 따라 적절한 산소 공급을 받아야 합니다.

임신부는 비임신 여성에 비해서 심부정맥혈전증의 발생위험도가 1,000명당 1명으로 10배가량 높다고 알려져 있습니다. 장거리 비행의 경우 고정된 자세, 낮은 산소압, 객실 내 낮은 습도, 좁은 객석 간 거리로 인하여 심부정맥혈전증의 위험성이 높아질 수 있으니 예방을 위하여 움직이기 어려운 창가 쪽보다는 복도에 앉는 것이 좋고 30분 간격으로 발목을 움직여 스트레칭을 해줍니다. 탈수에 빠지지 않도록 물을 많이 마시고, 카페인이나 알코올음료를 삼가고, 압박스타킹을 사용하면 좋습니다. 또한 안전벨트 착용 시에는 일반인들처럼 벨트를 배에 걸치는 것이 아니라 배 아래쪽을 감싸면서 골반부에 걸치도록 하며, 무릎보호대나 어깨보호대를 함께 사용하는 것이 바람직합니다.

태교여행 1
12주째
1박 2일 근교 호텔 스테이

호텔의 태교여행 패키지 이용하기

입덧으로 한창 힘들어하던 시기, 기분전환을 위해 근교에 있는 호텔로 1박 2일 여행을 다녀왔다. 집에서 30분 정도의 거리에 있는 '아나 인터컨티넨탈 도쿄'. 전에도 만족스럽게 숙박했던 기억이 있어서, 주저 없이 선택했다. 따로 별다른 일정 없이 오로지 맛있는 밥 먹고 쉬기만 했는데 임신한 이후로 햇빛 한 번 제대로 쐬지 못했던 터라 밖에 나가 따뜻한 햇살을 맞은 것만으로도 기분전환에 큰 도움이 되었다. 무리하지 않는 것이 중요하며 맛있는 밥 먹고 쉬고 오는 정도의 미션을 두고 1박 2일 호텔 혹은 리조트 스테이로 다녀오기에 적합했던 임신 초기 여행. 각자 편하게 잘 수 있는 트윈룸으로 예약하고 클럽 라운지 서비스를 이용해 거의 호텔 내에서만 시간을 보내고 왔다.

조식과 칵테일 타임, 애프터눈 티를 정해진 시간 동안 무제한 이용할 수 있는 클럽 라운지. 클럽 라운지 사용이 포함된 룸은 다른 룸보다 다소 가격이 비싸긴 하지만, 호텔 내에서만 시간을 보낸다면 이쪽이 더 경제적일 수도 있다. 체인 호텔의 거의 대부분이 이런 클럽 라운지를 가지고 있으니 체크해 보자. 클럽 라운지는 은은한 조명과 부드러운 재즈 선율, 마음을 릴렉스하게 하는 매력이 있다. 아기가 태어나면 거의 아기 위주의 장소만 찾게 되는데, 그때가 되면 이런 어른들만의 공간이 참 그리워진다. 아기가 태어나기 전, 이런 어른들만의 공간에서 부부 둘만의 오붓한 시간을 보내자.

저녁에는 남편이랑 밖에서 근사한 식사를 하고, 호텔 룸으로 돌아와서는 노트북에 넣어온 태아 관련 다큐멘터리 보며 앞으로 만나게 될 우리 아기에 대해 이런저런 이야기를 나눴다. 마지막으로 욕조에 따뜻한 물을 받아 짧은 반신욕으로 마무리!

↕ 우리 부부가 좋아하는 아나 인터컨티넨탈 도쿄
↕ 클럽 라운지 입구

↑ 어른들만 입장 가능한 클럽 라운지 내부(좌)
　 클럽 라운지에서는 낱개로 구입하려면 비싼 마카롱도 무한대로 제공된다.(우)

↓ 오늘은 트윈 베드로 편하게 숙면하기(좌)
　 욕조에 물 받아서 럭셔리한 배스 타임(우)

나처럼 근교에 있는 마음에 드는 호텔을 이용하는 것도 좋지만 태교여행용으로 나온 호텔 숙박 패키지를 이용하는 것도 좋은 방법이다. 저렴한 가격은 아니지만 평생에 한 번 정도이니 투자해 보는 것도 괜찮을 것 같다. 최대한 임신부를 배려한 각종 서비스에 소소한 아기용품까지 선물로 받을 수 있다.

만약 원하는 호텔에 태교여행 패키지가 따로 없을 경우에는 원하는 타입으로 예약을 하고 꼭 임신 중인 것을 코멘트하자. 체크인/체크아웃 시간이라도 최대한 배려해 줄 것이고, 운이 좋다면 룸 업그레이드의 행운도 있을지 모른다.

대표적인 태교여행 호텔 숙박 패키지

W 호텔	BABY ME PACKAGE	• 아차산이 한눈에 들어오는 룸에서의 1박 • 뷔페 스타일의 조식 2인 • 원만한 출산을 위한 스파 트리트먼트 1인 • 실내 수영장, 피트니스센터, 사우나 WATER ZONE 이용 • 늦은 체크아웃 • 425,000원 • 2014.02.01.~12.30.(12.24 제외)
메이필드 호텔	I am Mother & Father PACKAGE	• 슈퍼리어 룸 1박, 조식 2인 • 아기에게 미리 쓰는 편지 • 레스토랑 및 PAR3 10%, 사우나 50% 할인 • 체련장, 실내수영장, Kids Pool 미끄럼틀, Kids Club 무료 이용 • 다양한 기프트 세트 증정(유기농 배냇저고리, 유기농 로션, 튼살크림, 숙면 젖병 등) • 예비 엄마, 아빠 마사지(각각 선택사항, 추가요금 부과) • 308,800원 • 2014.01.01.~12.31.

반얀트리
호텔
	FOR MY BABY PACKAGE	• 그라넘 다이닝라운지 조식 2인
		• 임신부를 위한 텐더 마사지 60분 +30분 1인
		  (임신 사~8개월)
		• 건강재료를 활용한 디너 세트(2인)
		• 숲소리 우드베어 인형 or 딸랑이 세트(택 1)
		• 에바비바 임신부 보디오일
		• 청스튜디오 만삭 촬영권
		• 태교여행(안그라픽스) 도서 증정
		• 실내수영장, 피트니스 클럽 무료 입장
		• 디럭스 룸: 주중 790,000원(주말 840,000원)
		  디럭스 스위트룸: 주중 990,000원(주말 1,040,000원)
		• 2013.10.21.~2014.12.30.

* 패키지의 자세한 내용은 각 호텔로 직접 문의

태교여행 2
20주째
3박 4일 도쿄 여행

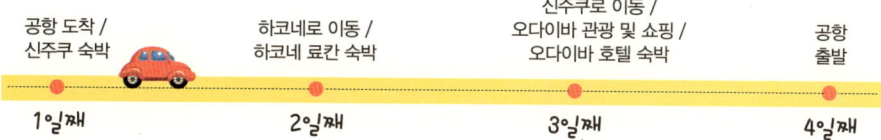

공항 도착 /
신주쿠 숙박

하코네로 이동 /
하코네 료칸 숙박

신주쿠로 이동 /
오다이바 관광 및 쇼핑 /
오다이바 호텔 숙박

공항
출발

1일째   2일째   3일째   4일째

내가 일본에서 살고 있어서 좀 더 후한 점수를 주는 건지도 모르겠지만 일본만큼 여행하기 좋고 관광 아이템이 다양한 곳도 드물다고 생각한다. 관광, 맛집, 휴양, 쇼핑…… 친구들끼리 쇼핑 와도 좋고, 커플끼리 '먹방' 여행 와도 좋고, 가족들과 관광으로 와도 좋다. 아이들 데리고 디즈니랜드 여행도 너무 즐거울 테고, 부모님 모시고 하는 온천 효도여행도 최고다.

이렇게 너무 많은 여행 플랜이 존재하는 도쿄이지만 느긋하게 즐기는 태교여행을 테마로 '도쿄 도심+하코네 힐링 온천 여행'을 소개하려고 한다.

도쿄 태교여행 준비

항공편 예약하기

일본 여행은 한-일 간 비행시간이 2시간 내외로 접근성이 좋으며, 항공편이 많아 항공 스케줄이 다양하고, 저가항공사의 취항으로 요금도 저렴해졌다는 장점이 있다. 각자의 스케줄과 예산에 맞춰 원하는 항공권을 구매할 수 있다는 것도 일본 여행의 큰 장점이다.

가격이 조금 비싸지긴 했지만 김포-하네다 구간 쪽이 도쿄 내의 이동에는 훨씬 유용하다.

- 나리타 공항에서 신주쿠 도심까지 소요시간: 약 1시간 반(나리타 익스프레스 이용)
- 하네다 공항에서 신주쿠 도심까지 소요시간: 약 30분(케이큐센 이용)
- * 리무진 버스를 이용하는 경우는 도로 상황에 따라 좀 더 소요되는 경우도 있음

호텔 선택하기

일정과 이동 동선에 따라 호텔의 선택도 천차만별이다. 아무래도 일반 관광과 달리 느긋하게 하는 태교여행인 만큼 시내 관광 중심의 호텔보다는 리조트 지역 중심으로 호텔을 선택하고 효율적인 이동동선을 고려해 해당 지역 위주로 여행하는 것을 추천한다. ☞ 추천 호텔 사진과 정보는 50~55쪽 참조

렌터카 빌릴까, 말까

워낙 대중교통이 발달된 지역들이라 도쿄 도심, 하코네 정도를 둘러보는 여행의

경우 군이 렌터카를 빌릴 필요까지는 없다. 한국과 차선도 반대고, 교통규범도 다르며, 도로 통행비 등도 만만치 않다. 한국에서는 차로만 이동하는 경우가 많다면 운동 삼아-물론 짐은 남편에게 모두 맡기고- 일본만의 대중교통을 이용해 보는 것도 재미있다. 남편도 여행 와서는 핸들 대신 아내 손을 꼭 잡고 같이 창밖도 보며 여유 있게 여행을 즐겨보면 어떨까?

여행 준비물 챙기기

- 필수품: 여권(여권의 유효기간이 6개월 이상 남아 있어야 함)
- 호텔 바우처, 엔화 환전, 영문 소견서
- 의류: 움직이기 편한 옷, 임신부 속옷, 잠옷, 로퍼, 선글라스, 가벼운 크로스백
- 화장품: 스킨케어 휴대용, 자외선 차단제, 비비크림, 메이크업 가방, 메이크업 리무버 및 세안제, 치약칫솔세트, 휴대용 샴푸 · 린스 · 보디샤워 · 보디로션(호텔의 어메니티 상태가 좋지 않을 경우 사용)
- 기타: 카메라(충전기), 임신부 비타민, 접히는 이민용 가방(쇼핑이 목록이 많을 경우 필요)

하코네 힐링 여행

하코네는 일본인 사이에서도 휴양지 랭킹 순위권에 항상 오를 정도로 인기 있는 곳이다. 도쿄의 중심, 신주쿠에서 로망스카로 1시간 반이라는 거리도 매력적이고, 자연 속에서 즐기는 노천탕을 비롯한 온천욕과 맛있는 가이세키 요리(일본의 정식 요리) 등 1박 2일 묵기에 다소 비싼 요금이 전혀 아깝지 않게 느껴지는 곳이다. 시간의 여유가 없는 여행자들은 당일치기로도 왔다 가지만, 하코네의 매력을 제대로 느끼려면 전통 온천(료칸)에 묵어 봐야 한다.

또한 하코네는 미술관과 박물관이 모여 있기로도 유명한 문화 관광지라 산보를 겸해 태교용으로 미술관 한 곳 정도 들러 주면 딱 적당한 코스다.

여행 일정의 하이라이트를 하코네에 맞추고 다른 일정들에 대한 욕심을 조금 버리면 만족스러운 태교여행이 될 것이라고 생각한다.

하코네까지 어떻게 갈까?

로망스카는 신주쿠에서 출발하여 하코네 유모토 역이 종점이다. 많은 온천들이 하코네 유모토 역에 위치하거나 하코네 유모토에서 등산열차를 타고 가야 하므로 종점인 하코네 유모토 역까지 가면 된다.

보통 여행자들은 '하코네 프리패스'라는 하코네 일주 티켓을 끊어서 다닌다. 컨디션에 자신이 있고, 온천+관광을 많이 즐길 경우라면 이 티켓이 경제적이다. 매번 차표 끊기가 번거롭고 시간을 절약하고 싶은 사람은 프리패스+로망스카를 왕복으로 끊어도 괜찮다. 하지만 온천을 위주로 관광은 한두 개 정도만 추가할 경우라면 굳이 프리패스를 구입할 필요는 없다. 태교여행에서는 너무 욕심 부리지 말자!

로망스카 티켓 및 하코네 프리패스는 신주쿠 역 내의 오다큐선 인포메이션 센터에서 구입할 수 있으며, 한국 여행사에서도 구매대행을 해준다.

로망스카 신주쿠 – 하코네 유모토 왕복 요금: 4040엔

종 류	2일권		3일권	
	성 인	소 인	성 인	소 인
하코네 프리패스	5,000엔	1,500엔	5,500엔	1,750엔
프리패스+로망스카 편도	5,870엔	1,940엔	6,370엔	2,190엔
프리패스+로망스카 왕복	6,740엔	2,380엔	7,240엔	2,630엔

* 소인: 만 6~11세(12세 이상은 성인). 로망스카는 전 좌석 지정석

출발까지 시간의 여유가 조금 있다면 로망스카에서 꼭 해봐야 하는 일은 에키벤(열차 내 도시락) 먹기!

로망스카 티케팅을 마친 후 지하에 있는 오다큐 백화점 식품관으로 가자. 수많은 도시락이 기다리고 있으니 취향대로 고르면 된다. 또한 에키벤은 열차 내에서도 판매하고 있으니 시간이 없는 사람은 로망스카 안에서 구입할 수도 있다.

백화점 식품관에 진열된 에키벤

‡ 신주쿠에서 출발하기 때문에 로망스카는 신주쿠 역에 미리 대기하고 있는 경우가 많다.

‡ 한 시간 반을 달려 도착한 하코네 유모토 역

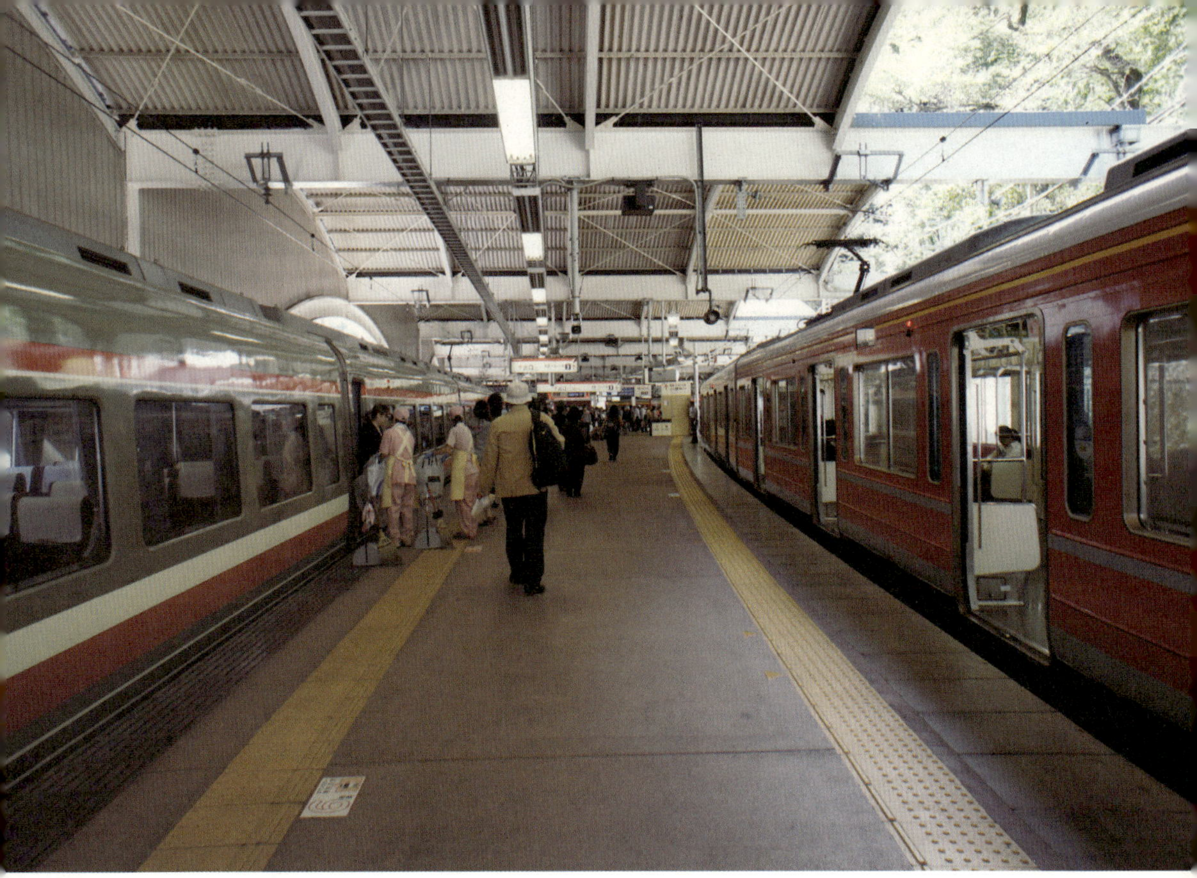

↑ 왼쪽이 로망스카, 오른쪽이 등산열차

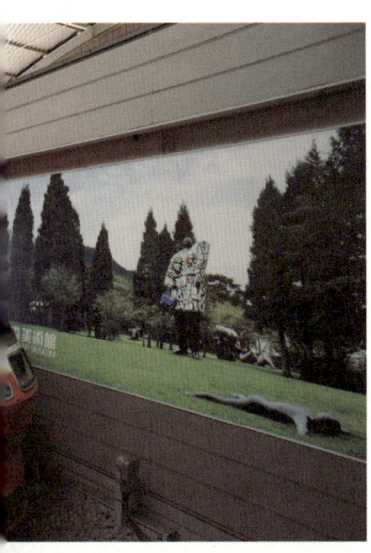

하코네 유모토 역 근처 온천에 갈 경우는 여기서 개찰구를 빠져나가면 되고, 등산열차를 타고 이동해야 하는 경우라면 바로 옆 선로에 서 있는 등산열차를 타자.

箱根大名行列
お食事處

ますや
かまぼこ
小田原
笹かまぼこ
宅配料金
全国
500円
クール便
600円
ひじきそば
630円
えびせん
たこせん
525円

시간 여유가 있다면 바람도 쐴 겸 하코네 유모토 역에 내려 주위 상점가를 둘러보고 등산열차를 타러 가도 좋다. 도쿄 도심과는 또 다른 고즈넉한 일본의 전통 마을을 느낄 수 있다. 그리 크지 않으므로 30분 정도면 충분히 돌아볼 수 있다.

←⋯ 하코네 유모토 역 주위 상점가
↕ 등산열차. 고와쿠다니 역까지는 약 30분, 종점인 고라 역까지는 40분 소요된다.

하코네 어디에서 잘까?

♥ ♡ 세츠게츠카(雪月花)

　일본의 유명 숙박 예약 사이트인 jalan.net에서 하코네 지역 부동의 1위를 차지하고 있는 온천이다. 일본식 온천이지만 모던한 느낌으로 재해석하여 젊은 사람들의 감각에 어울릴 만한 곳이다. 객실마다 우드 테라스와 조그만 노천온천이 딸려 있다.

　객실, 식사, 온천, 접객 서비스 모두 만족

주소　神奈川県足柄下郡箱根町強羅1300
TEL　0460-86-1333
체크인 15:00~ / **체크아웃** 11:00
교통편 하코네 등산열차 고라 역에서 도보 1분
홈페이지 www.hotespa.net/hotels/setsugetsuka
예산 1박 1인당 20,000엔~(2식 포함)

↕ 일본풍 다다미방을 모던하게 풀어낸 객실

⋯ 모던한 로비

온천의 꽃은 맛있는 식사! 저녁은 일본식 코스 요리로 하나하나 정갈한 느낌이다. 메인 요리는 와규 샤브샤브로, 여러 가지 야채와 함께 일본식 폰즈소스랑 참깨소스에 찍어먹으면 입에서 살살 녹는다. 그리고 그 자리에서 바로 튀겨서 나오는 '덴푸라'가 웬만한 전문점 저리가라다.

아침 역시 일본식. 기본 생선구이 정식인데 뭔가 한상 가득하다. 갓 지은 밥이라 쓰케모노(절임음식)에만 먹어도 맛있다.

♥ ♡ 미즈노오토(水の音)

일본의 유명 숙박 예약 사이트인 jalan.net에서 하코네 지역 2위를 차지하고 있는 온천이다. 앞에서 소개한 세츠게츠카보다는 조금 더 일본다움이 느껴지는 곳으로 여러 가지 온천을 즐길 수 있다. 밤 9시 이후에 식당에서 무료로 먹을 수 있는 라면도 별미다.

주소 神奈川県足柄下郡箱根町小涌谷492-23
TEL 0460-82-6011
체크인 15:00~ / **체크아웃** 11:00
교통편 하코네 등산열차 고와쿠다니 역에서 도보 15분
(무료 송영 있음)
홈페이지 www.hotespa.net/hotels/mizunoto
예산 1박 2식 포함 1인당 20,000엔~

↑ 편안한 분위기의 로비. 체크인할 동안 웰컴 드링크를 마시며 잠깐의 휴식을 즐겨도 좋다.

←⋯ 저녁식사로는 정성스러운 가이세키 요리

⋮ 정갈한 일본식 아침식사는 일반 호텔 뷔페식 조식과는 또 다른 즐거움이다. 이것저것 한상 가득 차려서 받는 행복감. 보는 즐거움에 다 먹고 나면 속까지 건강해지는 느낌이 든다.

하코네에서 온천욕은 빠질 수 없는 즐거움이다. 수분 보충을 충분히 한 후, 너무 뜨겁지 않은 물에 반신욕 정도만 하자. 도착한 당일은 이동의 피곤함도 있으니, 온천을 즐기고 맛있는 저녁식사를 하고, 릴렉스하는 느낌으로 보내자. 참고로 앞에 소개한 두 온천 모두 가족 노천탕이 있어 남편과의 오붓한 가족 온천도 즐길 수 있다.

다음 날은 아침식사 전에 다시 한 번 온천을 가볍게 즐기고, 든든하게 식사를 한 뒤에 체크아웃을 하고, 한 군데 정도의 관광지를 산보 개념으로 들르면 좋다.

'하코네 등산열차' 또는 '하코네 관광 순회 버스'를 이용하면 하코네의 웬만한 유명한 관광지는 다 갈 수 있다. 다만 버스의 경우는 시간 간격이 있는 편이니 미리 프런트에서 버스 시간과 정류장을 확인한 후에 움직이도록 하자.

하코네에서 무엇을 볼까?

♥♡ 폴라 미술관(ポーラ美術館)

날씨가 좋은 날은 실내에 있기 아까운 법이다. 하지만 날씨가 좋아서 오히려 실내에 있는 게 더 행운인 듯한 곳도 있다. 탁 트이고 넓은 실내, 커다란 통유리 창으로 은은하게 들어오는 햇살.

한적한 미술관에서 남편과 배 속의 아기와 함께 박물관 투어를 했다. 어떤 그림은 너무나 아름다워 한참을 바라보며 서 있기도 했고, 어떤 그림은 나도 모를 향수가 느껴져 마음속 깊은 곳에서 울컥 올라오기도 했다. 아무 음악소리도 없이 그저 작품에 집중했다. 평소에는 사실 박물관에 오기가 그리 쉽지 않다. 어쩌면 이 또한 여행지에서의 특권일지도 모른다. 폴라 미술관의 전시 작품은 정기적으로 변경되지만 거의 대부분이 유명작가의 작품들이라 미술에 문외한인 사람도 편하게 감상할 수 있다.

주소 神奈川県足柄下郡箱根町仙石原小塚山1285

TEL 0460-84-2111

이용시간 09:00~17:00(16:30까지 입장 가능, 연중무휴)

홈페이지 www.polamuseum.or.jp/english(영문 사이트)

입장료 성인 1,800엔

소요시간 약 2시간 정도

⁞ 통유리의 햇살이 기분 좋은 미술관 내 레스토랑.
  프렌치 런치코스가 추천할 만하다(2,000엔대).

⬱ 편한 신발이라면 미술관 뒤의 산책로를 둘러보는
  것도 좋다.

♥♡ 하코네 유리의 숲 (ガラスの森)

　조금은 딱딱할 수 있는 미술작품들 감상하는 것보다는 알록달록 예쁜 유리 공예를 구경하고 싶다면 유리의 숲을 추천한다. 크리스털로 만들어진 여러 가지 조형물과 함께 멋진 정원을 산책할 수 있다.

　일본이지만 유럽 독일의 작은 마을에 와 있는 듯한 느낌이 든다. 바깥 정원도 물론 예쁘지만 베네치안 글라스 미술관과 현대미술로 푼 글라스 미술관으로 나누어진 내부 미술관도 잘되어 있다. 예쁜 유럽풍 건축물도 많이 있어 사진 찍기에도 좋은 장소다. 실내보다는 야외가 예쁜 곳이기 때문에 날씨가 좋은 날 방문하는 것이 좋다. 입구에서 반겨주는 벚꽃나무에는 직경 1.4cm의 크리스털 글라스가 무려 4만 5천 개나 달려 있어 장관을 이룬다.

주소 箱根ガラスの森美術館は箱根仙石原国道138
TEL 0460-86-3111
이용시간 09:00~17:30(5시까지 입장 가능)
홈페이지 www.ciao3.com/info/english(영문사이트)
입장료 성인 1,500엔
소요시간 약 2시간 정도

♥ ♡ 어린왕자 박물관(星の王子さまミュージアム)

생텍쥐페리의 소설 『어린 왕자』를 테마로 한 박물관이다. 생텍쥐페리의 메모,
드로잉 그리고 그의 생애에 대해 기록해 놓은 전시관 내에는 어린 왕자의 탄생
과 관련된 이야기들, 소품들도 구경할 수 있다. 박물관 전체가 프랑스의 한 시골
마을을 옮겨 놓은 듯한 분위기다.

배 속 아기에게 『어린 왕자』 책을 읽어주면서 돌아봐도 좋을 것 같다. 내부보
다 외부에 볼 것이 많으므로 날씨가 좋은 날 방문하도록 하자. 브랜드와 캐릭터
자체가 사랑스럽다 보니 기념품 숍에도 아기용품을 비롯해 예쁜 아이템이 많으
니 꼭 체크하고 갈 것!

주소 神奈川県足柄下郡箱根町仙石原909-1
TEL 0460-86-3700
이용시간 09:00~19:00(연중무휴)
홈페이지 www.tbs.co.jp/l-prince
입장료 1,500엔
소요시간 약 2시간 정도

♥♡ 조각의 숲 미술관(彫刻の森美術館)

근현대를 대표하는 조각가의 120점에 달하는 작품이 전시되어 있으며, 피카소 컬렉션 및 영국의 유명한 조각가 헨리무어 컬렉션 등 다양한 예술작품들을 만날 수 있다. 지금까지 피카소의 유명한 그림만 접하다가 색다른 그림도 많이 볼 수 있어 신선한 느낌이었다. 또한 천연온천에서 족욕을 즐길 수 있는 아시유 공간도 준비되어 있어 임신부의 지친 발을 휴식하기에도 그만이다. 단, 다른 미술관보다는 규모가 큰 편이라 많이 걷는 게 부담스러운 사람은 피하는 것이 좋다.

미술관 내에 있는 뷔페 레스토랑도 가짓수가 많진 않지만 깔끔하고 맛있어서 인기가 있는 편이다.

주소 神奈川県足柄下郡箱根町二ノ平1121
TEL 0460-82-1161
이용시간 09:00~17:00(16:30까지 입장 가능, 연중무휴)
홈페이지 www.hakone-oam.or.jp/kankoku
입장료 성인 1,600엔
소요시간 약 3시간 정도

이렇게 둘째 날은 미술관 관람 1곳+점심을 먹고 가까운 등산 열차 역으로 이동하여 다시 하코네 유모토 역으로 돌아오면 된다. 하코네 유모토 역에서 로망스카를 타고 신주쿠로 돌아오는 코스다. 이후 일정은 오다이바 혹은 신주쿠 근처에서 육아용품 쇼핑하는 등으로 시간을 보내면 적당하다.

도쿄에서 육아용품 쇼핑하기 – 출산준비물 추천 리스트

육아용품의 천국이라 불리는 일본은 다양하고 질 좋은 육아용품들이 많기로 유명하다. 물론 한국에서도 인터넷 쇼핑이나 공동구매 등을 통해 구입할 수 있겠지만, 현지에서 직접 눈으로 확인하고 살 수 있다는게 장점.

출산용품 · 육아용품 전문 판매 매장인 '아카짱혼포(赤ちゃん本舗)', '베이비저러스(ベビーザらス)' 등이 대표적이며 대형 마트 등에도 베이비 코너, 대형 드러그스토어 등에서도 구입할 수 있다.

피죤 모유실감 젖병

160ml 1,480엔

240ml 1,580엔

여러 젖병을 사용해봤지만 그중 단연 최고,
피죤 모유실감. 한정판매 디자인

분유 보온 장치

3,980엔

분유 물을 적정 온도로 유지해 준다.
밤중 수유 시 유용하게 사용할 수 있는 아이템이다.

기저귀 & 물티슈 케이스

1,180엔

이건 꼭 사야 하는 외출 필수품!

손톱 가위 신생아용

580엔

작고 얇은 신생아 손톱 자르기에 적당하다.

베이비 핀셋

280엔

코딱지 등 작은 이물질을 쏙 뽑아내기 유용한 아이템

아기 머리 잘라주기 세트

1,880엔

미용실에 가기 어려운 아기, 머리숱이 많은 아기라면 필수품

오일 면봉

280엔

오일이 묻어 있어 부드럽게 닦인다.

쿨 시트

398엔

열날 때 이마에 붙이는 해열 시트다. 신생아부터 사용 가능하며, 더울 때 열을 식히는 용도로도 유용하다.

쿨 젤

598엔

쿨 시트가 잘 붙지 않는 경우라면 쿨 젤 사용을 추천한다. 만 6개월 이후부터 사용 가능하다.

베이비 배스 튜브

2,280엔

튜브처럼 바람을 불어 사용하는 아기 욕조다. 쿠션감이 좋아 부딪쳐도 안전하다. 미사용 시에는 공기를 빼 접어 보관 가능하니 콤팩트 수납이 가능하다.

스키나베브

1,780엔

갓난아기부터 사용 가능한 목욕용 비누

※ 가격은 프로모션에 따라 변동될 수 있습니다.

★☆ 여기서 구매할 수 있어요!

아카짱혼포

TOC 점

東京都品川区西五反田7-22-17TOCビル5F

신주쿠 역에서 JR 야마노테센으로 14분

긴시쵸 점

東京都墨田区錦糸2-2-1アルカキット錦糸町5F

신주쿠 역에서 JR 소부센으로 26분

온라인 매장: www.rakuten.ne.jp/gold/akachanhonpo

베이비저러스(토이저러스)

이케부쿠로 선샤인 점

東京都豊島区東池袋3-1サンシャインシティ文化会館B1F

신주쿠 역에서 JR 야마노테센으로 9분

오다이바 점

東京都港区台場1-7-1アクアシティお台場1F

신주쿠 역에서 사이쿄센으로 환승해서 35분

이곳 말고도 하코네 근교에 묵었다면 고텐바 아웃렛도 가까이 있으므로 체력에 자신이 있는 사람은 도전해 볼 것! 한국보다 물건의 종류가 많고 아이템에 따라서는 일본이 더 저렴하기도 하다. 다만 버스로 이동하는 데 시간이 걸려 왔다 갔다 하기에 다소 부담스러울 수 있다.

응급 대비 도쿄 병원 알아두기

1. 도심에 위치한 종합병원 응급실

도쿄여자의대 대학병원 응급실 東京女子医科大学病院

신주쿠 역에서 택시로 10분

東京都新宿区河田町8-1

03-5919-8828

2. 외래(한국어가 가능한 의사선생님이 있는 병원)

산부인과

아케보노바시 레이디즈 크리닉 曙橋レディースクリニック

東京都新宿区住吉町1-12新宿曙橋ビル2F(신주쿠 역에서 택시로 10분)

03-5919-8828 www.aklady.com

내 과

김내과 金内科クリニック

東京都新宿区歌舞伎町2-41-7川井ビル4F(신주쿠 역에서 택시로 5분)

03-5155-1951

미나미아자부 병원 南麻布医院

東京都港区南麻布1-12-1(신주쿠 역에서 택시로 15분)

03-3452-3211

3. 산부인과 & 소아과 종합의료시설(분만 가능)

세로카 인터내셔널 종합병원 – 소아과/산부인과(일부 한국어 대응 가능)

東京都中央区明石町9-1(신주쿠 역에서 택시로 15분)

국제과 교환: 03-5550-7166 www.luke.or.jp/kr/for-patients

외국에서는 의료보험이 적용되지 않아 병원비가 비싸다는 단점이 있으니 만약을 대비해서 여행자보험을 가입해두는 것을 추천한다. 하지만 여행자보험을 가입했다고 하더라도 해외여행 도중에 발생한 출산 및 유산에 관해서는 보상내역에 포함되지 않으므로 주의할 것.

※ 해당 의료 기관 정보는 2014년 03월 현재 상황으로 인터넷상에 공개된 내용을 토대로 작성된 것입니다. 혹시 모르니 전화로 예약하고 방문할 것을 추천합니다.

물가 비싼 도쿄, 스마트하게 여행하기!

택시는 NO!
한국 개념으로 힘들다고 무작정 택시를 탔다가는 낭패를 보기 일쑤다. 택시로 약 10분 이내 거리의 요금이 약 1,000엔(한화 약 11,000원) 정도 나온다. 근처 역에 내려 호텔까지 정도의 짧은 구간이라면 상관없지만 그 이상이라면 택시는 자제하는 편이 좋다. 워낙 대중교통이 잘되어 있어 대중교통으로 다녀도 충분하지만 출퇴근 시간에는 인파가 몰려 위험할 수 있으니 되도록 피해서 다니자.

호텔 서비스 200% 활용하기!
하코네 근교의 박물관을 방문할 경우, 호텔에 비치된 할인권을 사용하자. 30%에서 최대 50%까지 할인혜택을 받을 수 있다. 또한, 목적지가 결정되었다면 교통수단과 근교 맛집 등은 가이드 북만으로는 부족하기 쉽다. 컨시어지 서비스를 충분히 활용하면 최대한 효율적인 동선으로 즉석에서 멋진 일정을 만들 수 있다.

100엔 숍 이용하기!
일본 전역에서 100엔 숍을 쉽게 볼 수 있다. 음료수나 기타 필요한 상품은 100엔 숍에서 미리 사두면 좋다.

태교여행 3
26주째
6박 8일 하와이 여행

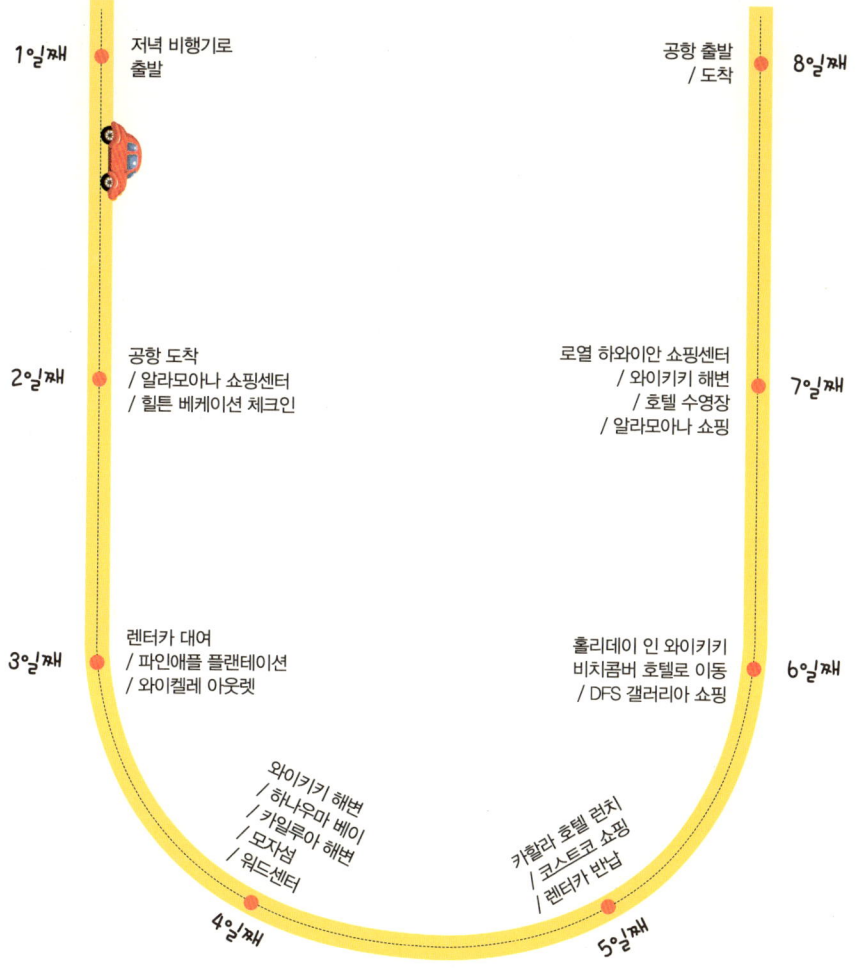

1일째 — 저녁 비행기로
출발

8일째 — 공항 출발
/ 도착

2일째 — 공항 도착
/ 알라모아나 쇼핑센터
/ 힐튼 베케이션 체크인

7일째 — 로열 하와이안 쇼핑센터
/ 와이키키 해변
/ 호텔 수영장
/ 알라모아나 쇼핑

3일째 — 렌터카 대여
/ 파인애플 플랜테이션
/ 와이켈레 아웃렛

6일째 — 홀리데이 인 와이키키
비치콤버 호텔로 이동
/ DFS 갤러리아 쇼핑

와이키키 해변
/ 하나우마 베이
/ 카일루아 해변
/ 모자섬
/ 워드센터

카할라 호텔 런치
/ 코스트코 쇼핑
/ 렌터카 반납

4일째

5일째

71

하와이 태교여행 준비

항공편 예약하기

이번 하와이 여행은 델타 마일리지를 사용하여 대한항공 하와이 직항편을 이용했다. 같은 스카이팀 회원인 델타 마일리지를 이용하면 동일하게 대한항공을 이용하는 조건임에도 대한항공 자사 마일리지의 거의 70% 정도로 항공권을 예약할 수 있다.

하와이 왕복 시 필요한 마일리지

2014.04 현재

항공사	인천 – 하와이 구간 왕복 시 공제 마일
대한항공	70,000마일
아시아나	80,000마일
델타항공	55,000마일

그럼 당연히 델타 마일리지로 발권해야 할 것 같지만 무조건 델타항공이 정답은 아니다. 대한항공으로의 예약이 불가능한 블랙아웃데이가 많고, 취소/변경 시에는 수수료가 발생하는 등 사용 시 제약이 대한항공이나 아시아나보다 많기 때문이다. 자신에게 맞는 일정과 조건을 확인해서 마일리지로 예약을 할 것인지, 표를 구입할 것인지 결정해야 한다.

델타 마일리지의 마일리지 취득 방법과 보너스 항공권 발권하기, 주의사항 등에 관해서는 이 내용만으로도 거의 책 한 권이 나올 정도이고, 이미 인터넷과 카페 등에 많은 정보가 있으니 이 부분은 각자 검색 신공을 발휘하시기 바란다.

♥♡ 대한항공 이용 시 코트룸 서비스 가능

무겁고 부피 큰 코트는 인천공항에서 맡기고 가볍게 출발하자. 대한항공을 이용할 경우, 3층 출발 청사에 있는 한진택배에서 이용 가능하다. 4박 5일간 1인당 1벌까지 무료이며, 이후 1일에 1벌당 2,500원의 추가 요금이 부과된다.

호텔 선택하기

하와이는 365일이 성수기라고 해도 될 정도로 호텔비가 비싸기로도 유명한 휴양지이다. 위치가 괜찮다 싶은 웬만한 숙소는 가장 저렴한 룸이 1박에 200달러 정도. 일반 룸에 오션뷰, 세금과 봉사료 붙고 하면 1박에 금방 300달러가 넘기 일쑤다. 이렇게 3박만 해도 100만 원이 넘는데 이걸 숙박비로 쓰기엔 조금 부담이고, 모처럼의 태교여행인데 너무 저렴한 숙소를 잡기도 싫고 다 비슷한 마음일 것이다.

적당한 가격대와 여행하기 좋은 위치를 조건으로 이번 하와이 태교여행에서 내가 선택한 호텔은 두 곳! 힐튼 베케이션 클럽과 홀리데이 인 와이키키 비치콤버 리조트였다.

4박을 한 힐튼 베케이션 클럽은 힐튼 호텔에서 운영하는 회원제 별장 개념의 호텔이다. 1bedroom-suit부터 시작하여 일반 호텔 객실 구조와는 확연하게 차이 나는 '베드룸+리빙룸+키친'의 넓은 객실을 자랑하며 각종 럭셔리한 취사시설과 세탁시설까지 필요한 게 모두 구비되어 있는 '가족을 위한 최고의 숙소'라 해도 과언이 아니다.

이 정도로 시설이 좋다니 "너무 비싼 거 아니야?" 할지 모르겠지만 '체험 프로모션'을 이용하면 비교적 저렴하게 이용할 수 있다. '체험 프로모션'이란 말 그대로 한 번 체험 스테이를 해보고, 좋으면 회원 가입을 하라는 것이다. 한국에도 영업소가 있으며 비정기적으로 대한항공 모닝캄 회원들과 기타 각종 신용카드 사용자를 대상으로 '체험 프로모션'을 진행하고 있으니 모닝캄 혹은 카드사 혜택을 충분히 이용해보자. 단, 일정 중간에 2시간가량 설명회에 참가해야 한다.

- 체험 프로모션 가격: 4박에 599달러(비수기 기준)
- 최대 6박까지 연장 가능(단, 별도 추가 요금 발생)
- 예약 문의는 힐튼 베케이션 클럽 한국 영업소(02-317-3770)

와이키키 해변과 조금 떨어져 있어 와이키키로 가려면 트롤리 버스를 타야 하는 단점이 있지만, 하와이 최고의 쇼핑몰인 알라모아나 쇼핑센터까지는 걸어서 갈 수 있다는 장점도 있다(알라모아나 쇼핑센터까지는 도보로 약 15분 정도, 와이키키까지는 트롤리 버스로 약 10분). ☞ 호텔 사진과 정보는 90~93쪽 참조

신혼여행이 아니니, 사실 카할라급의 고급 프라이빗 리조트까지는 필요 없고, 태교여행이니 위치는 좋은 호텔이었으면 좋겠고. 그래서 나의 두 번째 호텔의 선정 조건은 이랬다.

- 와이키키 해변 근처에 위치한 호텔(힐튼이 와이키키에서 좀 멀어서 아쉬웠으므로)
- 200달러대에 예약 가능한 숙소
- 비교적 깔끔한 룸 컨디션과 인테리어

몇 군데 고민은 했지만 이 모든 조건을 만족시키는 숙소가 바로 홀리데이 인 와이키키 비치콤버였다. 최고의 위치, 깨끗한 룸 컨디션, 적당한 가격. 인터내셔널마켓까지는 1분, 와이키키 해변, DFS면세점 등이 모두 도보 5분 거리! 지내보니 역시 대만족이었다. ☞ 호텔 사진과 정보는 127~129쪽 참조

다소의 모험을 감수할 수 있다면 호텔 낙찰 사이트(www.priceline.com)를 이용해보는 것도 하나의 방법이다. 1박당 300달러가 넘는 쉐라톤 와이키키 호텔을 120달러에 낙찰 받았다는 사례가 있으므로 성수기를 피하고 운이 따른다면 좋

은 딜이 될지도 모른다. 단, 약간의 모험을 감수하는 대가로 조금 더 저렴하게 이용할 수 있긴 하나, 낙찰된 호텔이 맘에 안 든다 하더라도 취소/환불이 되지 않으므로 주의해야 한다. 자세한 이용방법 및 주의사항은 인터넷에서 사용 후기 등을 충분히 찾아볼 필요가 있다.

일정 짜기

전체적인 일정은 대체로 여유 있게 짜는 것이 좋다. 관광지도 많은 곳을 알차게 보기보다는 동선에 맞춰 그때그때 상황에 맞는 곳을 돌아보자. 나 같은 경우 아무리 임신부라지만 하와이까지 왔으니 쇼핑도 하고, 해변에 발도 담그고 싶다는 개인적인 욕심이 있었는데 내게는 정말 딱 좋은 일정이었던 듯하다. 다만 일부 일정 중 점심시간을 못 맞춰서 식당을 찾아가 괜한 걸음을 했다든지 하는 동선이 불필요한 곳도 좀 있고, 가보고 싶었는데 못 가서 아쉬움이 남는 일정도 있었다. 그래서 만약 앞으로 나와 비슷한 일정으로 태교여행을 가시는 분이 있다면 이런 내용들을 참고해서 자신만의 일정을 짜면 좋을 것 같다.

렌터카 빌릴까, 말까

여행 가기 전 렌터카를 빌릴지, 말지를 고민하는 사람이 많다. 좀 애매한 답변을 하자면, 있으면 편하지만 꼭 빌릴 필요는 없다. 본인의 일정에 따라 효율과 비용을 고려해 선택하면 된다.

렌터카가 있으면 여기저기 다니기에 편하다는 것은 누구나 아는 사실이다. 그럼에도 꼭 빌릴 필요는 없다고 말하는 것은 숙소가 와이키키 해변에 있으면 그 근처와 알라모아나 쇼핑센터까지는 걷거나 트롤리 버스로 충분히 다닐 수 있기 때문이다.

섬 일주 및 아웃렛 투어는 현지에 가면 합리적인 가격으로 널리고 널렸다. 게다가 섬 일주 관광은 새하얀 리무진 차량으로 준비되어 럭셔리한 기분까지 들게 해준다. 비용 면에서도 '렌터카 대여료+가솔린 비용' 외에도 하와이 호텔들에서 따로 주차비(평균 1일당 30달러 전후)를 받는 경우가 많아 이것까지 합치면 만만치 않다. 하지만 투어의 경우, 다 같이 단체행동을 해야 하므로 다소 불편할 수도 있고 시간의 압박을 받는다는 단점이 있다.

이럴 경우, 필요한 일정에만 짧게 빌려도 좋다. 나의 경우 8일의 일정 중 3일만 렌트해서 다녔는데 적당했던 것 같다. 섬 일주 관광은 빨리 보면 1일, 천천히 보면 2일 정도면 충분히 볼 수 있다. 렌트해서 다니는 날은 시간 배분을 잘하고 효율적인 동선을 짜서 이동하는 것이 중요하다.

렌터카는 한국에서도 많은 예약 사이트가 있으므로 사전에 예약해 두는 것이

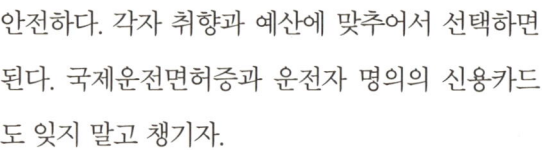

안전하다. 각자 취향과 예산에 맞추어서 선택하면 된다. 국제운전면허증과 운전자 명의의 신용카드도 잊지 말고 챙기자.

나는 남편과 둘이서 오붓하게 가는 마지막 여행이 될지도 모른다는 생각이 들어 2인용 컨버터블로 예약했다.

내비게이션 장착은 필수! 한국처럼 모든 차량에 다 장착되어 있는 것이 아니라 추가 차지를 하고 옵션으로 따로 요청해야 하는 경우가 많다. 귀한 시간을 길에서 낭비하기 싫다면 추가요금이 발생하더라도 빌리는 것이 좋다. 내비게이션마다 차이가 있지만, 한국어 지원이 가능한 내비게이션도 있

으며, '마일' 단위에 익숙하지 않은 사람들을 위해 메뉴에서 '킬로미터'로 변경도 가능하다. 언어 설정과 거리단위 설정, 이 두 개만 바꾸어도 운전이 훨씬 쉬워진다.

여행 준비물 챙기기

- 필수품: 여권(별도의 미국비자가 없다면 전자여권 필수, 사전에 ETAS 신청 필수, 또한 여권의 유효기간이 6개월 이상 남아 있어야 함)
- 호텔 바우처, 렌터카 바우처, 달러 환전, 영문 소견서
- 의류: 움직이기 편한 옷, 임신부 속옷, 잠옷, 수영복, 긴소매 카디건 혹은 후드점퍼, 로퍼, 샌들(신발은 발이 편한 게 최고), 선글라스, 가벼운 손가방 아웃렛이나 알라모아나 쇼핑센터에서 쇼핑 예정이라면 의류는 그리 많이 들고 오지 않아도 된다. 와이키키 전역에 있는 ABC스토어에서 휴양지 분위기가 물씬 느껴지는 여러 디자인의 하와이안 저지 드레스 쇼핑도 하와이 여행의 즐거움이다.
- 화장품: 스킨케어 휴대용, 자외선 차단제, 비비크림, 메이크업 가방, 메이크업 리무버 및 세안제, 치약칫솔세트, 휴대용 샴푸 · 린스 · 보디샤워 · 보디로션(호텔의 어메니티 상태가 좋지 않을 경우 사용)
- 기타: 카메라(충전기), 노트북, 임신부 비타민, 접히는 이민용 가방(쇼핑이 목록이 많을 경우 필요)

하와이 쇼핑 여행

태교여행이라고 하더라도 무리하지 않고, 해양 스포츠만 자제하면 원하는 일정을 충분히 즐기면서 보낼 수 있다. 또한 하와이는 쇼핑의 천국이니 쇼핑과 관광 일정을 적절하게 섞으면 태교여행에 가장 적합한 일정이 될 것이라 생각한다.

체제시간과 이동시간 등을 참고해주길 바라는 의미에서 시간 흐름에 맞추어 일정을 정리했다. 지금부터는 같이 여행을 다니는 기분으로 읽으면 좋을 것 같다.

첫째 날,

저녁 비행기로 인천에서 출발.

장거리 비행에 알맞게 가장 편한 차림으로 탑승하자. 하지만 하와이 도착 시 여름 날씨에 맞는 옷차림이 되어야 하므로 반소매 티셔츠 위에 얇은 후드점퍼나 카디건 등을 입을 것을 추천한다. 두꺼운 옷 한 벌보다는 가벼운 두 벌이 기내의 온도차에 대비해 비교적 편하게 입고 벗을 수 있으며, 하와이에 도착해서도 번거롭게 여름옷으로 갈아입지 않아도 된다.

입덧과 안정하라는 의사선생님 지시 때문에 내내 누워만 지내다 떠나는 모처럼의 해외여행이라 긴장도 되고 즐겁기도 하다. 조금 일찍 출발해 라운지에서 공항놀이를 즐겨보자. 요즘에는 카드사 특전으로 PP카드도 많이 발행하고 있으므로 라운지에서 여유 있게 휴식을 취하는 것도 좋다. 비행기 타기 전 과식은 금물. 임신부는 한 번에 많이 먹는 것보다 위에 부담을 주지 않도록 조금씩 자주 먹는 것이 좋다.

여행 전의 가장 설레는 순간 라운지에서의 공항놀이

호놀룰루행 비행기 탑승

공항 내 보안검색대를 지날 때는 임신부임을 알려야 한다. 그러면 X선 보안대를 통과하는 대신 공항 여직원이 손으로 보디 체크를 해 통과할 수 있다.

비행기에 타고 나서는 컨디션 조절이 중요하다. 임신기간에는 화장실도 자주 가고 싶어지므로 편하게 화장실을 오갈 수 있도록 비행기는 통로 쪽 자리에 앉는 것이 좋다. 인천~하와이의 9시간 비행은 다소 장거리이긴 하지만, 저녁 비행기이다 보니 저녁식사 후 모니터로 영화 한 편 정도 보면서 릴렉스하고 한숨 자고 일어나면 생각보다 큰 부담은 없는 시간이다.

그래도 중간 중간 수분 보충과 스트레칭은 잊지 말자.

↕ 대한항공의 장거리 노선 시그니처 메뉴 비빔밥
  (고추장 1개로는 부족하니 2개 받을 것)

↕ 아침식사는 녹차죽 또는 양식

↕ 자리에서 스트레칭을 자주 해주고 영화나 드라마 등으로 지루하지 않게 시간 보내기
↕ 드디어 일자변경선을 지나고, 보이는 하와이 이웃 섬들

둘째 날,

♥ ♡ AM 9:00 호놀룰루 공항 도착

  드디어 9시간의 비행을 마치고 호놀룰루 공항에 도착했다.

  과거 시간으로 돌아가는 시차라 출발한 날짜의 아침이 시작되어 하루를 더 번 듯한 기분과 장시간 비행에 문제없이 하와이에 도착했다는 생각에 기분이 좋아진다. 입고 갔던 히트텍 카디건, 레깅스는 당장 벗고, 가벼운 옷차림으로 하와이 여행 준비 완료!

알로하!

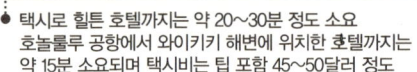
택시로 힐튼 호텔까지는 약 20~30분 정도 소요
호놀룰루 공항에서 와이키키 해변에 위치한 호텔까지는
약 15분 소요되며 택시비는 팁 포함 45~50달러 정도

분실물 대비 메모도 잘 받아 두자

♥ ♡ AM 10:00 택시로 숙소 이동

"We are going to Hilton Grand Vacation Club, please(힐튼 베케이션 클럽으로 가주세요)!"

영어가 서툴다면 미리 호텔이름과 주소를 프린트해서 택시 기사님께 보여주자. 관광객인 걸 알고 그러는지, 원래 그렇게 다들 친절한지 모르겠지만 택시를 타면 항상 웃으며 반겨주셔서 기분 좋은 여행을 시작할 수 있다.

● 힐튼 베케이션 클럽 로비와 프런트   ● 체크인 시간까지 휴식할 수 있는 라운지

♥ ♡ AM 11:00 라운지 휴식

힐튼 베케이션 클럽은 체크인이 오후 4시로 다소 늦은 편이다. 체크인 준비까지 시간이 조금 필요해 짐을 카운터에 맡긴 후, 라운지에서 음료수를 한잔 마시며 잡지도 보고 잠시 휴식을 했다. 라운지 내에는 샤워부스가 있어서 땀을 많이 흘렸다면 샤워 시설도 이용할 수 있다.

♥ ♡ AM 11:30 알라모아나 쇼핑센터 이동

체크인까지 시간이 많이 남아 산보하는 기분으로 알라모아나 쇼핑센터로 이동했다. 알라모아나 쇼핑센터까지는 호텔에서 도보 15분 정도 거리이고, 거의 직진만 하는 쉬운 길이다. 가는 길에는 알라모아나 공원도 있어 구경도 하고 사진도 찍으며 설렁설렁 걸어가기 좋다.

주소 1450 Ala Moana Boulevard, Honolulu, HI 96814

TEL 808-955-9517

이용시간 월~토 09:30~21:00, 일 10:00~19:00

홈페이지 www.alamoanacenter.com

♥ ♡ PM 12:30 점심식사

다양한 음식들이 있어 뭘 먹을지 고민되는 순간!

알라모아나 1층 푸드코트에 들러 점심식사를 했다. 워낙 다인종이 거주하고, 또 세계 각지에서 여행 오는 곳이라, 푸드코트에도 다양한 음식들이 있다. 여기저기 구경하다가 우리가 선택한 '팬더 익스프레스'. '밥+반찬 2가지+음료'가 약 10달러로 가격까지 착하다.

♥ ♡ PM 1:30 알라모아나 쇼핑센터 쇼핑

알라모아나 쇼핑센터에는 우리가 대충 알고 있는 모든 브랜드들이 다 모여 있다. 각종 명품들도 물건에 따라 차이는 있지만 한국보다 약 20~30% 정도 저렴한 편이다. 그중에서도 알라모아나 쇼핑센터 내 노드스트롬 백화점의 신발 코너는 꼭 체크하는 것이 좋다. 나인 웨스트, 스티브매든, 어그, 미네통카 등 미국 브랜드 제품들을 크게는 한국 가격의 1/3 정도로 구매할 수 있다. 나도 편하게 신을 미네통카 모카신을 구입했는데 한국 내 정가 약 10만 원짜리가 약 35달러(약 4만 원)!

⋯→ 호텔로 돌아가는 길
⋮ 알라모아나 쇼핑센터

♥ ♡ PM 2:30 호텔로 돌아가 체크인

생각보다 일찍 체크인 사인이 울렸다.

←··· 체크인 준비가 완료되면
빨간 불이 깜빡거리며
알려준다.

힐튼 베케이션 클럽 중에서도 우리가 묵게 된 동은 가장 최근에 지은 그랜드
와이키키안이다.

둘이 팔다리 다 쭉 뻗고 자도 넓었던 킹베드. 여행지에서의 침구류의 중요성은 정말 두말하면 입 아플 정도인데, 힐튼의 침구는 100점! 포근한 침대와 뽀송하고 부드럽게 잘 다려진 침구류들은 쾌적하고 편안한 휴식을 선물해 주었다. 그리고 스튜디오 타입이 아니라 거실과 침실과 분리되어 있으니 짐을 정리하기에도 편리하다.

키친에는 오븐과 전자레인지 토스트기까지 웬만한 집보다 더 잘 갖추어져 있으며, 식기와 카트러리는 모두 4개씩, 4인까지 이용할 수 있도록 준비되어 있다.

약간 아쉬웠던 것은 세면대와 화장실의 크기였는데 외국인 위주의 호텔이라 그런지 욕조 크기가 커서 물 받는 데 시간이 꽤 걸린다는 게 단점이다.

어메니티 용품은 피터 토머스 로스. 굿!

호텔이 아닌 별장 개념이므로 건물 안에 조식당은 따로 없었고(힐튼 빌리지 내 식당 이용 가능), 침대 시트를 갈아주고 청소를 해주는 턴다운 서비스 역시 매일이 아니라 3일에 한 번이다.

Hilton Grand Vacation Club ★★★★★

주소 1811 Ala Moana Boulevard, Honolulu, Hawaii

TEL 808-953-2700

체크인 16:00~ / **체크아웃** 10:00

예산 1bedroom-suit 1박당 20만 원선(일반 예약은 불가)

주차료 셀프파킹 $24/박당, 발레파킹 $30/박당

홈페이지 www.hiltongrandvacations.com

부대시설 수영장, 피트니스센터, 비즈니스센터, 힐튼 빌리지 연계 프로그램 이용 가능

♥ ♡ PM 3:00 방에서 낮잠 및 휴식

첫날은 따로 일정을 잡지 않고 컨디션 조절 겸 시차 적응을 위해 휴식을 하기로 했다. 나도 방에 들어오니 갑자기 피로가 몰려와 침대에 누워 낮잠을 잤다.

♥ ♡ PM 8:00 저녁 산보 & 식사

잠시 눈 붙인다는 게 깨어 보니 벌써 저녁을 훌쩍 넘긴 시간이다. 일어나 힐튼 빌리지를 돌아다니며 구경하다가 하와이안 빌리지 내의 ABC마트에서 도시락이랑 기타 먹거리를 사와서 간단하게 저녁식사를 했다.

ABC마트는 웬만한 잡화부터 도시락, 간식 등 없는 게 없는 와이키키 곳곳에 있는 편의점이다. 하와이의 대표적인 삼각김밥 '스팸 무수비'도 판매하고 있으니 사가지고 와 호텔에서 먹으면 간편하고 저렴하게 식사를 해결할 수 있다.

셋째 날,

♥ ♡ AM 9:00 기상

전날 살짝 늦은 새벽 정도에 자면 아침도 큰 시차문제 없이 일어날 수 있다. 사실 하와이는 정반대의 시차가 아니므로 시차에 큰 어려움이 없다는 것도 장점 중 하나다.

앞에서 이야기했듯 힐튼 베케이션 클럽은 별장 혹은 콘도미니엄 시스템이라 조식당이 없다. 밖에서 조식을 먹고 싶다면 빌리지 내 일식당 등에 괜찮은 조식 메뉴(10~15달러 정도)도 있고, 근처에 아침식사 혹은 브런치를 할 수 있는 레스토랑이 많으니 밖에서 먹는 것과 마트 등에서 사와 호텔에서 먹는 것을 컨디션과 일정에 맞게 조절하면 될 듯하다.

우린 나가기 귀찮아 어제 ABC마트에서 사온 음식으로 간단히 아침식사를 하기로 했다. 아침식사를 하면서 파란 바다를 바라보고 있으니, 우리가 하와이에 와 있다는 것이 이제야 실감이 났다.

♥ ♡ AM 10:00 일정 확인

힐튼 베케이션 클럽 1층에는 컨시어지 서비스가 있고 한국인 스태프가 상주한다는 점도 안심되는 이유 중 하나였다.

내가 숙박하고 있던 기간에는 두 분이 번갈아가며 계셨는데 재미교포인 듯 영어 발음이 섞인 한국말로 친절하게 모든 질문에 답해 주었다. 출발 전에도 컨시어지 데스크에 들러 일정 상담을 하니 구글 맵으로 전체 동선과 각각의 주소(내비게이션 입력용)를 뽑아 주며 추천 레스토랑 등도 알려 주

드디어 출발!

었다. 물론 가이드북도 가지고 갔지만 현지 거주자인 스태프에게 얻는 정보도 쏠쏠하다. 웬만한 대형 호텔에는 컨시어지 데스크가 있으니 유용하게 활용해 보자.

♥ ♡ AM 11:00 예약해 둔 렌터카 받기

와이키키 내에서도 대형 렌터카 업체는 큰 호텔 내 몇 군데밖에 없어 렌트 및 반납을 위해서는 따로 렌터카 사무실로 이동해야 하는 불편함이 있는데 힐튼 하와이안 빌리지는 내부에 허츠 렌터카가 있어 편하게 렌트 및 반납이 가능하다.

원래 컨버터블 스포츠카로 예약을 했는데 현재 내비게이션이 달린 컨버터블이 없어 더 멋진 차를 준비해주겠다는 직원. 길 모르는 곳에서 내비게이션 없이 달리는 건 말 그대로 시간 낭비이니 흔쾌히 "오케이!" 하며 받았다. 받고 보니 정말 멋지고 럭셔리한 차였다. 2인승이라 좌석 여유도 충분하고 임신부는 두 다리 쭉 뻗고 편하게 여행할 수 있었다.

　태스 테판야키에서 점심식사를 하고, 한인마트에서 간단히 장을 봤다. 태스 테판야키는 와이키키에서 차로 10분 거리에 위치한 곳이다. 차는 한인마트에 잠시 주차해 둘 수 있다. 주차요원이 있기 때문에 장을 먼저 보고 점심을 먹는 것을 추천한다.

태스 테판야키(Tae's Teppanyaki) ★★★☆

주소　1666 Kalauokalani Way #101, Honolulu, HI 96814
예산　1인당 약 8달러

　얇게 롤링해 구운 소고기 스테이크를 갈릭향이 풍부한 소스에 듬뿍 찍어 한 입! 차이니즈 핫소스를 살짝 찍어 먹어도 맛있다.
　와이키키에서 도보로 걸어갈 수 있는 위치면 참 좋겠는데, 차 없이는 가기 힘들고 일부러 찾아가기에는 동선이 조금 아쉬웠다.

♥ ♡ PM 1:30 돌 파인애플 플랜테이션

파인애플 하면 제일 먼저 떠오르는 것이 바로 돌(DOLE) 마크다.

현재는 다른 지방에서 농작을 하고 있어서 이곳은 기념관으로 남긴 정도이지만 하와이의 큰 역사가 되고 있는 곳이라 가보는 것만으로도 의미가 있을 듯하다. 농장을 둘러보기 위해서는 따로 추가 요금을 내고 내부를 순환하는 열차를 타는데, 농장에 깊은 관심이 있는 것은 아니었기 때문에 열차는 타지 않았다.

우리나라 이민 역사와도 많은 관련이 있는 곳이라 왠지 가슴이 찡해지기도 했다. 좀 더 관심이 있는 분은 가이드북을 참고하면 될 듯하다.

가볍게 즐기려면 관광 시간은 대략 1시간 정도 잡으면 충분하다. 파인애플 아이스크림을 먹고 파인애플 정원을 구경하고 오면 된다.

주소 64-1550 Kamehameha Hwy., Wahiawa
TEL 080-621-8408
이용시간 09:30~17:00(크리스마스 휴무)
홈페이지 www.dole-plantation.com

♥ ♡ PM 4:00 와이켈레 아웃렛

하와이 여행 오기 전부터 기대가 컸던 아웃렛!

사실 LA나 뉴욕의 아웃렛 규모가 워낙 거대하고, 하다못해 일본의 고텐바 프리미엄 아웃렛조차 하루 종일 있어도 다 볼까 말까 한 규모인 데 비해, 하와이의 아웃렛은 규모가 작다. 원하는 브랜드만 콕 집어 본다면 2~3시간이면 다 볼 수 있다. 그리고 시기가 정말 중요한데, 연말이나 블랙프라이데이, 땡스기빙데이 등 특별한 세일 기간에 가는 것과 세일이 특별히 따로 없는 날 가는 것이 차이가 크다.

2년 전 12월 초에 갔을 때는 땡스기빙데이가 막 지나서 파이널 세일 중이라 정말 만족할 만한 쇼핑을 했는데 이번에는 별다른 세일 기간이 아니어서 그런지 별로 살 게 없었다. 저렴한 상품들이 있긴 하지만 디자인이 별로거나 사이즈가 없거나, 아니면 가격적인 메리트가 거의 없거나 했다.

시기에 따라 만족도 차이가 있는 곳이니 처음부터 너무 기대하고 가지 말 것! 아웃렛 쇼핑이라는 게 원래 운과 타이밍이다 보니 성공하는 날이 있으면 실패하는 날도 있는 법이다.

그래도 빈손으로 가기는 너무 아쉬워 겨우 고른 게 임신부 브랜드에서 임신부 카고바지 하나와 고디바 초콜릿이었다.

주소 94-790 Lumiaina St., Waipahu, HI 96797
TEL 080-676-5656
이용시간 월~토 09:00~21:00, 일 10:00~18:00
홈페이지 http://www.premiumoutlets.com

♥ ♡ PM 8:00 늦은 저녁식사

저녁식사는 후쿠위엔의 랍스터 요리(와이키키에서 도보로 30분가량 소요)로 결정했다.

한국과 일본에서는 몸값 비싼 랍스터, 미국에서 먹으면 완전 저렴한 가격으로 즐길 수 있으니 이건 당연히 먹어줘야 한다. 후쿠위엔은 하와이 현지에서는 꽤 유명한 차이니즈 레스토랑이다.

후쿠위엔(FOOKYUEN) ★★★★★

주소 1960 Kapiolani Blvd #200, Honolulu, HI 96826-3975
예산 1인당 약 15달러

살이 꽉 찬 통통한 생 랍스터 요리가 한 마리당 10.99달러라는 믿을 수 없는 가격!

2명만 간 게 아쉬웠던 FOOKYUEN. 치킨 로스트도 바삭바삭 정말 맛있다. 하와이에 가게 되면 반드시 또 가야 할 레스토랑! 다만 사람이 언제나 많으므로 조금은 기다릴 각오를 해야 한다.

♥ ♡ PM 10:00 월마트에서 장보기

아침 조식거리와 과일들을 사기 위해 FOOKYUEN에서 가까운 월마트에 잠시 들렀다.

한국에는 없는 대형 사이즈 제품들이 많은 미국 대형 마트 구경도 재미를 위한 필수 코스. 물론 대형 마트다 보니 용량도 꽤 커서 개인용으로 사기엔 좀 부담이지만 지인들 선물 사기에 최고다.

센트럼 비타민을 저렴한 가격에 팔고 있어 가족들과 지인들 선물로 구입하기 좋다. 하와이안 마카다미아 초콜릿도 와이키키 근교에서 가장 저렴한 가격으로 판매 중이다(코스트코가 더 저렴하게 판매하고 있다고 하지만 큰 가격 차이는 나지 않는 듯). 이 하와이안 초콜릿이 선물용으로 주위에 나눠 주기에 가격대도 비교적 만만하고 받는 사람들도 좋아해서 많이 사오긴 하는데 부피 차지하는 게 은근 만만치 않다. 따라서 짐 용량을 체크하면서 구입할 필요가 있다.

그리고 휴양지의 마트이다 보니 물론 물놀이 관련 용품들도 충분히 갖추어져 있다.

유아용품 코너도 체크해 보자. 여러 가지 미국브랜드가 판매되고 있는데, 그 중에는 먼치킨처럼 인기 있는 상품들도 많다. 나도 먼치킨 이유식 세트들을 종류별로 구입했다. 사실 먼치킨 이유식 세트들은 직구 사이트(iherb.com)에서도 편하게 구입이 가능한데, 이 당시만 해도 해당 사이트를 몰라 무겁게 들고 와야 했다.

♥ ♡ PM 11:00 호텔로 돌아와 휴식

꽤 늦은 시간이었지만 하루가 너무 재미있어서 피곤한지도 모르고 돌아다니다가 호텔로 돌아와 침대에 눕자마자 잠이 들어버렸다.

넷째 날,

♥ ♡ AM 8:00 기상

　도착한 첫날은 낮잠을 충분히 자고 다시 조금 늦은 밤잠을 잤고, 둘째 날은 아침에 일어나 낮에는 돌아다니고 밤잠으로 몰아 잤더니 금방 시차 적응이 된다. 하지만 시차 적응이 힘들 때는 무리하지 말고 졸릴 때는 그냥 무조건 자도록 하자. 전체 일정을 쉬엄쉬엄 짜두는 건 기본이고, 쉬고 싶을 때는 무조건 쉬는 게 좋다.

♥ ♡ AM 8:30 산보 & 커피 테이크아웃

　회사 다닐 때 습관으로 매일매일 식후 아이스 라테를 마시던 나라서 커피 없는 생활은 도저히 포기가 안 된다. 사실 안 마시는 게 제일 좋겠지만, 가끔씩 너무 마시고 싶을 때는 라테로 반잔만 마시기로 나 자신과 타협했다. 하와이까지 왔는데 하와이 명물인 코나커피도 맛보지 않을 수 없어서 빌리지 내의 커피전문점에서 커피를 테이크아웃해 호텔 방에서 조식을 먹었다.

♥ ♡ AM 9:00 아침식사

　창밖의 바다를 바라보며 어제 월마트에서 사온 베이글과 딸기, 크림치즈, 코나커피로 맛있는 아침식사를 했다. 재료들이 다 신선하고 맛있으니 웬만한 브런치 카페 부럽지 않다. 게다가 남편의 전용 버틀러 서비스까지 더해지니 이보다 더 좋을 수 없는 아침식사다.

　힐튼 베케이션 클럽은 이런 주방시설이 다 갖춰져 있어서 간편하게 아침을 먹기에도 좋다. 만약 이유식 하는 아기가 있으면 최고의 숙소가 될 듯하다(설거지 세제, 세탁 세제까지 모두 구비).

　하지만 턴다운 서비스는 3일에 한 번이라 일반 호텔처럼 외출하고 돌아오면 집안이 다 깨끗이 청소되어 있거나 배스타월도 새 걸로 꽉꽉 채워주는 서비스는 기대하면 안 된다.

♥ ♡ AM 10:00 컨시어지 서비스

오늘도 컨시어지 서비스를 통해 일정을 체크하고, 차로 다닐 루트와 주소를 프린트했다. 또한 점심 먹을 레스토랑도 추천을 받았다. 이것저것 일정을 준비해 오긴 했지만, 현지에 거주하는 전문가에게 확인을 받으니 더 안심이 된다. 그리고 주소나 이름들을 영문으로 프린트 해주는 서비스가 내비게이션 이용 시 정말 유용하게 쓰였다.

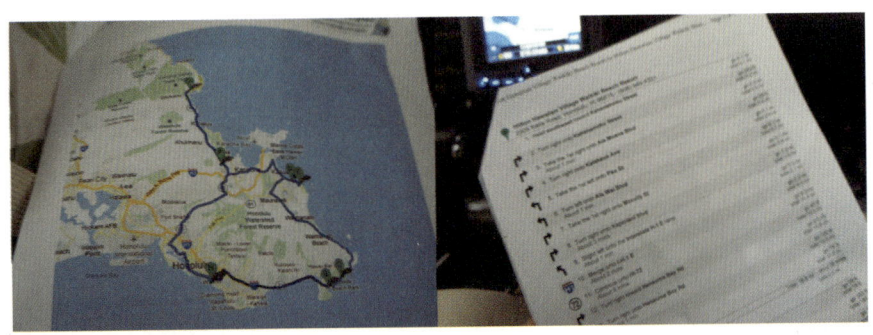

컨시어지 서비스를 통해 받은 전체 이동 동선, 각 장소의 영문 주소와 안내도

♥ ♡ AM 10:30 렌터카 사무실

어제 빌린 차를 반납하기 위해 다시 렌터카 사무실로 왔다. "어제 그 차를 계속 탈래? 아님 내비게이션 달린 컨버터블로 바꿔줄까?" 하기에, 어제 차도 사실 정말 마음에 들었지만, 다른 차도 타보고 싶어 오늘은 컨버터블로 바꾸기로 했다. 원색의 빨간 컨버터블이 살짝 부담스럽기도 했지만, 하와이에서는 렌터카 이용객이 많아서 꽤 많이 보이기도 하고, 그냥 이럴 때 타봐야지 하고 결정했다.

♥ ♡ AM 11:30 와이키키 해변 드라이브

막상 와이키키로 드라이브를 나오니, 오늘 일정의 대부분이 바닷가 해안도로를 달리는 드라이브가 메인이라 컨버터블로 바꾸길 잘한 것 같다.

♥ ♡ PM 12:00 하나우마 베이

　원래 일정은 하나우마 베이에서 스노클링은 안 하더라도, 발도 담그고 돗자리 펴고 쉴 생각이었는데 이날이 주말이라 그런지 우리 차 바로 앞에서 주차장 FULL 마크가 떴다. 오전 중에 가지 않으면 들어가기 힘들 수도 있다고 들었는데, 준비하면서 조금 어물쩍거렸더니 역시 그랬다. 할 수 없이 근처 도로에 차를

위에서 내려다보기만 했던 하나우마 베이

세우고 바다 구경을 하는 걸로 일정을 변경했다. 하나우마 베이는 결국 위에서 내려다보는 것만으로 만족해야 했다.

바람이 좀 불긴 했지만 해변이 예뻐서 자꾸만 셔터를 누르게 된다. 하와이까지 왔는데 예쁜 D라인 사진을 많이 찍어 놓자. 스튜디오에서 따로 돈 주고 만삭 사진 찍을 필요가 없다. 자연이 최고의 배경이자 조명이 된다.

바다를 보기만 해도 가슴이 뻥 뚫린다. 아기야, 너도 느끼고 있니?

♥ ♡ PM 1:30 카일루아 해변

  몇 년 전 처음 하와이를 방문했을 때 가장 마음에 들었던 카일루아 해변.

  세상에서 가장 아름다운 바다 랭킹에서도 빠지지 않는 에메랄드 빛 바다 색
깔에다 모래가 완전 부드럽다. 이번에는 아쉽게도 날씨가 흐려 예전같이 예쁜
바다 색깔의 사진은 못 찍었지만, 앉아서 바다를 구경하는 것만으로도 제대로
힐링이 됐다. 바닷물에 발도 담그고 하나우마 베이에서 못 깔았던 돗자리도 깔
고 간단한 음료수와 함께 잠시 휴식을 취했다. 여기도 임신부 기념 촬영 필수 장
소다!

♥ ♡ PM 2:30 점심식사

   컨시어지 서비스를 해주었던 직원에게 추천받고 간 레스토랑, Haleiwa Joe.

   바다만 있다고 생각하는 하와이에서 산에 둘러싸인 또 다른 매력을 느끼게 해주는 레스토랑이라고 추천을 받아 갔지만 이미 점심시간이 지나 결국 식사는 못했다. 참 멋진 레스토랑이라 아쉽지만 다음을 기약하며 발길을 돌려야 했다.

산속 레스토랑, Haleiwa Joe

♥ ♡ PM 3:00 지오바니 새우트럭

트럭에서 만들어 팔아 더 맛있는 지오바니 새우트럭. 간식으로 먹으려 했던 곳인데, 먹고 보니 양이 한 끼 식사로 충분하다.

지오바니(GIOVANNIS) ★★★★★

주소 1960 Kapiolani Blvd #200, Honolulu, HI 96826-3975
예산 1인당 약 13달러

밥이랑 새우볶음이 세트로 나와 손가락 쪽쪽 빨며 맛있게 먹었던 곳. 매운 소스 하나랑 갈릭 레몬 소스 하나씩. 갈릭 레몬 소스가 새우랑 최고로 잘 어울릴 거라는 건 굳이 설명 안 해도 다 알 거고, 매운 소스는 매운 걸 잘 먹는 한국 사람에게도 땀나는 매운맛! 하지만 계속 먹고 싶어지는 중독성 있는 매운맛이라 끝까지 다 먹었다. 저렴한 가격대로 가볍게 점심을 해결하기에는 굿!

새우 껍질을 까먹어야 하기 때문에 거의 대부분의 사람들이 손으로 먹고 있는데, 다행히 손 씻을 개수대와 비누까지 완벽하게 준비되어 있다. 위생에 민감한 임신부에게도 반가운 시설.

　　다만 화장실은 시설이 많이 낙후되어 있으니 웬만하면 사용하지 않는 것이 좋을 듯하다. 간식으로는 새우트럭 옆에서 팔고 있는 구운 옥수수를 추천한다.

♥ ♡ PM 4:30 중국인 모자 섬

　　도로가 거의 하나로 연결되어 있어 계속해서 달리면 중국인 모자 섬이 나온다. 멀리서 보이는 섬을 원근감을 이용해 사진을 찍으면 꼭 머리에 모자를 쓴 것처럼 나온다. 볼 때는 그냥 그저 그런데, 나중에 사진을 찍어서 보면 또 재미있다. 날씨가 맑으면 훨씬 더 좋았겠지만 흐려서 살짝 아쉬웠다.

♥ ♡ PM 6:30 워드센터

　　알라모아나 쇼핑센터에서 차로 약 5분 정도 떨어진 워드센터로 이동해 노드스트롬 랙과 로스에서 쇼핑을 했다. 따로 택시 타고 오기도 그렇고, 차 있을 때 오자 싶어 약간 늦은 시각이었지만 방문했다.

　　노드스트롬 랙은 노드스트롬 백화점에서 판매했던 상품들 중 이월상품이나

주소 1050 Ala Moana Blvd., Honolulu, Hawaii 96814

TEL 080-591-8411

이용시간 월~토 10:00~21:00, 일 10:00~18:00

홈페이지 www.wardcenters.com

로스와 노드스트롬 랙에서 보물찾기로 하루를 마무리

하자상품, 아웃렛 전용 상품을 모아 저렴하게 판매하는 곳이다. 시즌 지난 마크 제이콥스 의류나 기타 프리미엄진들을 저렴하게 구입할 수 있다.

로스는 미국제 브랜드 옷과 정체불명의 브랜드들이 마구 섞여 있어 보물찾기 해야 하는 곳이다. 옷걸이에 빽빽하게 걸려 있는 옷들 중에서 사이즈가 맞고, 예쁜 것을 찾기란 하늘의 별따기다. 그러나 멋진 아이템을 좋은 가격에 찾았을 때 그 뿌듯함이란!

캘빈 클라인, DKNY, 콜롬비아, 케네시, 랄프로렌 등 미국 브랜드가 저렴한 가격으로 판매된다. 시간·체력·센스 3박자가 맞다면 성공적인 쇼핑을 할 확률이 높다.

♥ ♡ PM 8:30 저녁식사 및 휴식

근처 햄버거가게에서 햄버거 세트로 간단히 해결.

다섯째 날,

♥ ♡ AM 9:00 기상

오늘은 힐튼 베케이션 설명회에 참가하는 날이다. 2시간 예정의 이 설명회에 참가하는 조건으로 저렴한 가격에 숙박 예약을 할 수 있었기 때문에 참석은 필수였다. 설명회가 11시부터라 오전은 그냥 여유 있게 천천히 보내기로 했다. 며칠간 쇼핑한 물건 구경도 하고, 사진 정리도 하면서 방에서 편하게 휴식을 취했다.

♥ ♡ AM 10:00 아침식사

딸기를 올린 블루베리 베이글로 아침식사를 했다. 시판 베이글인데, 며칠이 지나도 어쩜 이렇게 쫀득쫀득 맛있는지. 게다가 저렴하기까지 하다. 미국에서 파는 빵은 다 맛없다고 기대하지 않았던 내게 새로운 세계를 보여주었다. 오늘은 시원한 하와이안 아이스티와 함께!

♥ ♡ AM 11:00 힐튼 베케이션 설명회 참가

워낙 집이나 인테리어를 구경하기 좋아해서 이번 기회에 호텔의 다른 방들도 구경할 겸 프로그램에 관한 설명을 들었다. 먼저 전체적인 룸들을 돌아보고 이후에는 개인 면담실로 자리를 옮겨 실질적인 조건 등을 이야기했다. 한국인 재미교포가 한국어로 진행해 주기 때문에 편하게 설명을 들을 수 있었다. 설명을 들은 후, 회원 가격이 쉽게 수락할 수 있는 단위가 아니므로 편하게 거절할 수 있다.

우리 부부는 당장 목돈 드는 게 부담스러워 가입은 일단 보류했지만, 여행을 자주 다니는 편이라 몇 년 후에는 작은 규모라도 하나 들면 좋겠다 싶었다. 지금까지는 남편이랑 둘이서 단출하게 다녀 숙박비도 크게 안 들었지만 앞으로 가족이 늘고 부모님도 모시고, 아이와 함께 여행하려면 좋은 선택이 될 수도 있을 것 같다.

♥ ♡ PM 1:30 카할라 호텔에서 점심식사

설명회를 마치고 점심식사를 위해 바로 렌터카를 타고 카할라 호텔로 갔다. 2010년 친구 결혼식 때 와 보고 마음에 담아두었던 카할라 호텔. 이영애와 은지원 결혼식으로도 유명해진 곳이다.

웅장한 대형 체인 호텔과는 달리 부티크 호텔다운 섬세함과 고급스러움이 느껴졌다. 와이키키에서는 살짝 떨어져 있어 접근성에서 약간의 아쉬움은 있었지만 프라이빗 해변이 있어서 아이들과 같이 휴양하거나, 신혼여행 시 와이키키쪽 호텔과 2박씩 나누어 묵으면 적당할 것 같다.

카할라 호텔 내 플루메리아(PLUMERIA) ★★★★★

주소 5000 Kahala Ave., Honolulu, HI 96816

TEL 080-380-4400

이용시간 조식 06:30~11:00

런치 11:00~14:00, 디너 17:30~22:00

홈페이지 kr.kahalaresort.com(한국어)

예산 1인당 20~30달러

무겁지 않고 하나하나 맛있었던 런치코스. 사실 이번에 카할라 호텔을 다시 찾은 것은 지난번 먹었던 카할라 버거가 너무 맛있었기 때문이다. 이런 특급호텔에서 런치 코스를 20달러대의 합리적인 가격에 즐길 수 있어 더 좋다. 게다가 밥만 먹고 가는 게 아니라 식사 손님은 프라이빗 해변도 같이 이용할 수 있으니 꼭 가볼 것을 추천한다.

식사를 마치면 프라이빗 해변을 이용하며 사진을 마구 찍어주자. 유명 웨딩 잡지의 해외 특집에서 거의 빠지지 않는 카할라 호텔 가든 웨딩. 삼각대를 필수로 챙겨가도 좋다. 유명하고 인기 있는 데는 다 이유가 있다.

나는 캐주얼하게 입고 갔는데, 멋지게 사진을 찍으려면 좀 더 드레시한 옷을 입고 가는 것도 좋겠다. 임신부라면 실크 느낌의 맥시 원피스면 좋을 듯하다. 입었을 때도 편하고 바람이 불어도 걱정 없다. 다만 넘어질 우려가 있으니 너무 길지 않도록 주의하자.

이렇게 멋진 장소에서 밥도 먹고, 바다도 즐기고, 멋진 사진까지 찍을 수 있으니 점심값이 전혀 아깝지 않다.

유명한 웨딩 화보 촬영에 꼭 나오는 카할라 웨딩 게이트

　　맛있게 점심식사를 하고, 프라이빗 해변도 즐기고, 돌고래 체험 수업도 구경하고, 호텔 내부를 여기저기 돌아보며 사진을 찍다 보면 시간이 금방 간다. 우리 부부는 세 번째 방문이라 호텔 구경은 하지 않았지만 초행이라면 조금 여유 있게 시간을 보내도 아깝지 않을 곳이다.

♥ ♡ PM 4:00 코스트코 쇼핑

마침 카할라 호텔에서 차로 10분 거리에 코스트코가 있다. 원래도 코스트코 쇼핑을 좋아하지만 미국 본토의 코스트코가 궁금하기도 해서 놀러 가 보기로 했다. 한국 코스트코 카드가 있으면 전 세계 모두 출입 가능하다.

갈 때마다 사람들이 너무 많아 카트를 밀 때 앞사람 다리를 치지는 않을지 걱정되는 한국이나 일본과 달리, 넓은 실내에 사람들이 거의 없어 카트를 밀고 다니기에 굉장히 편했다. 계산대 역시 기다리는 스트레스 없이 논스톱이었다.

오늘의 쇼핑 리스트는 매직불릿 블렌더! 한국 가격 반도 안 되는 40달러로 매우 저렴했고, 나중에 이유식을 만들 때 유용하게 쓰일 것 같아 구입했다. 실제로도 아주 유용하게 사용했다. 그 외에는 저녁식사로 먹을 음식과 과일을 조금 샀다.

♥ ♡ PM 7:00 렌터카를 반납

    2박 3일간 잘 썼던 렌터카를 오늘 반납했다. 내일은 와이키키 근처로 호텔을
이동할 거라서 남은 일정들은 거의 와이키키에서 보낼 예정이다.

♥ ♡ PM 8:00 저녁식사 및 휴식

코스트코에서 사온 재료들로 남편이 저녁식사를 준비해 주었다. 웬만한 호텔이라면 안에서 만들어 먹는 것은 엄두도 못 낼 텐데 이 베케이션 클럽처럼 완벽한 키친이 있는 곳이라면 오히려 좀 써줘야 할 것 같다.

한국에서는 비싼 킹크랩을 저렴하게 구입해 오븐에서 살짝 데우고, 로즈마리 허브에 구운 오븐 치킨과 신선한 샐러드로 한상 차렸다. 그리고 음료로는 하와이에 오면 꼭 마셔봐야 하는 아사이 주스! 괜히 건강에 좋을 것만 같은 느낌이 마구마구 든다.

↑ 우리의 멋진 디너가 되어 준 코스트코에서 사온 음식들   ↑ 매일 아침 마시고 싶은 아사이 주스

여섯째 날,

♥ ♡ AM 10:00 힐튼 베케이션 클럽 체크아웃

며칠 동안 정들고 너무나 편하게 지냈던 힐튼 베케이션 클럽을 체크아웃했다. 트렁크 등 짐이 많아 새로운 숙소인 홀리데이 인 와이키키 비치콤버 호텔까지는 택시로 이동(약 10분).

홀리데이 인은 와이키키 바로 앞에 있어서 와이키키 주변을 돌아다니기에는

최적의 위치이다. 체크인까지 시간이 좀 있어 일단 짐을 맡기고 와이키키를 산책했다. 체크인할 때도 임신부임을 이야기하면 최대한 체크인 시간이 단축될 수 있도록 배려해 준다.

♥ ♡ AM 11:00 DFS 갤러리아 쇼핑

체크인 전까지 시원한 DFS 갤러리아 안에 들어가 있었다. 면세점이라 해도 사실 별거 없지만 그래도 안 보면 섭섭한 곳이다. 미국 제품의 경우, 한국이나 일본보다 훨씬 가격적인 메리트가 있다. 마크제이콥스 · 폴로 · 토리버치 등이 쇼핑하기 좋은 브랜드이니 눈여겨보자. 단, 화장품은 여러 가지 할인혜택만 잘 이용하면 전 세계에서 한국 면세점이 가장 저렴한 듯하다.

호텔에서 도보로 3분 거리에 위치한 DFS 갤러리아

DFS 갤러리아 내 스타벅스에서 커피와 머핀으로 간단하게 브런치를 먹었다. 세계 각국을 여행하며 나라별 스타벅스 커피 맛을 비교해 보기가 우리 부부의 취미. 비교 대상은 카페라테 아이스인데 신기하게 모든 나라의 커피 맛이 다 다르다. 커피 원재료는 똑같을 것 같은데 카페라테로 비교를 하다 보니 유제품의 품질이나 맛에서 차이가 나는 게 아닐까 싶다. 내 입에 가장 잘 맞는 곳은 역시 일본.

♥ ♡ PM 12:00 호텔 체크인

    드디어 호텔 체크인! 힐튼 베이케이션 클럽의 스위트룸에 있다 와서 일반 호텔 스튜디오 형식의 원룸 타입이 비교적 좁게 느껴지긴 했지만 그래도 인터컨티넨탈의 플래티넘 티어를 이용해 자동 업그레이드된 고층의 파티셜 오션뷰라 만족스러웠다.

⋮ 모던하고 실용적인 느낌의 로비와 체크인 카운터,
   호텔 내 기념품 숍과 편의점

← 홀리데이 인 와이키키 비치콤버 호텔 체크인

Holiday Inn Waikiki Beachcomber Resort ★★★★

주소 2300 Kalakaua Ave Honolulu HI 96815

TEL 808-922-4646

체크인 14:00~ / **체크아웃** 12:00

예산 스탠다드 룸 1박당 20~25만 원선

주차료 $18/박당, 실내외 주차장 구비

홈페이지 www.ihg.com/holidayinnresorts/hotels/us/en/honolulu/hnlor/hoteldetail

부대시설 수영장, 사우나, 스파, 피트니스센터, 비즈니스센터, John Hirokawa의 'Magic of Polynesia' 마술쇼

건물 자체는 오래되었지만 최근에 리노베이션을 하여 내부는 깔끔하면서도 모던한 리조트 풍의 인테리어가 산뜻하다.

어메니티나 배스타월의 퀄리티는 힐튼과 비교해서 확실히 떨어지긴 했지만 숙소 등급의 차이가 있으니 이 부분은 양보해야 한다. 다행히 어메니티는 록시 땅 세트를 가지고 와서 그걸 사용했다. 또한 화장실과 욕실이 좁은 게 단점이다.

일단 위치가 좋으니 이 정도 단점은 충분히 넘어갈 수 있는 가격 대비 정말 만

파티셜 오션뷰 트윈룸

아담한 수영장. 캐주얼한 분위기라 오히려 더 편하게 즐길 수 있었다.

족스러운 숙소였다. 호텔 내 극장에서 진행하는 폴리네시안 매직쇼가 유명해 여기까지 일부러 보러 오는 투어가 있을 정도다. 매직쇼와 하와이 전통공연으로 이루어진 무대로 저녁식사까지 포함하는 패키지가 있으니 한번쯤 구경해볼 만하다. 나는 호텔로 들어오는 일정이 계속 늦어져 이번에는 패스했다.

♥ ♡ PM 2:00 인터내셔널 마켓 플레이스에서 점심식사

체크인 후 호텔에서 짐을 정리하고 조금 쉬다가 점심을 먹으러 나갔다. 올 때마다 한 끼는 꼭 먹게 되는 인터내셔널 마켓 플레이스의 Korean BBQ. 지난번에는 yammy에서 먹어서 이번에는 초이스 키친의 BBQ를 먹어보기로 했다. 언제 먹어도 맛있는 BBQ. 김치와 갈비의 환상 조합! 주문하고 기다리다 보면 외국인 손님들도 많아서 왠지 자랑스러운 우리 음식, 한식이다.

인터내셔널 마켓 플레이스(International Market Place) ★★★★☆

주소 2330 Kalakaua Avenue, Honolulu
이용시간 10:00~21:00

그런데 이 인터내셔널 마켓은 그다지 깨끗하지 않고 비둘기가 너무 많다. 심한 조류공포증인 나는 혹시라도 비둘기가 내 쪽으로 오지 않을까 하는 두려움에 밥이 입으로 들어가는지 코로 들어가는지 알 수 없을 정도였다. 그런 나를 보고 남편이 호텔에서 먹자고 했다. 어쩔 수 없이 음식을 포장해 호텔로 들어와 테라스에 앉아 먹었다. 테라스에 앉아 창밖을 보니 고층 전망 레스토랑이 부럽지 않은 와이키키 비치뷰와 기분 좋게 살살 부는 온화한 바람이 마치 하와이 별장에 와 있는 듯한 기분이 들었다. 맛있는 바비큐에 시원한 탄산음료 한 잔! 배 속의 아기도 기분이 좋은지 꼼지락거리며 엄마에게 신호를 보낸다.

한식이 먹고 싶은 날에는 인터내셔널 마켓

♥ ♡ PM 3:00 낮잠

숙소 이동 때문에 아침부터 서둘러서 그런지 점심을 먹고 약간 피로감이 몰려와 살짝 졸렸다. 짧게라도 낮잠을 조금 자두기로 한다.

♥ ♡ PM 5:00 다시 DFS 갤러리아로

짧은 낮잠에서 일어난 후에는 시간이 애매해 그냥 근처에서 편하게 시간을 보내기로 했다. 면세점에서 다시 갤러리아로 갔다. 마크 바이 마크 제이콥스는 정가도 한국이나 일본에 비해 저렴한 데다, 한 코너에서 '시즌 오프 제품 50% 세일' 이벤트를 하고 있어 기저귀가방과 반소매 티셔츠를 한국의 1/3 가격으로 구입할 수 있었다. 평소 무채색 계열의 옷을 많이 입다 보니 기저귀가방은 포인트 있게 들려고 컬러풀한 쪽을 선택했다. 나일론이라 가볍고, 수납도 좋고, 어깨에 메고 있어도 잘 흘러내리지 않는 게 딱 내가 찾던 가방이었다. 이 가방은 지금까지도 잘 쓰고 있다. 앞으로 기저귀가방 구입을 고민하는 예비맘들에게도 강력 추천하고 싶은 아이템이다.

그리고 친구들 부탁으로 폴로 매장에서 아이들 옷을 쇼핑했다. 폴로 역시 한국의 약 1/3 가격으로 구입할 수 있었다. 와이켈레 아웃렛이랑 가격 차이도 크게 나지 않고, 종류나 사이즈가 아웃렛보다 훨씬 다양하다.

♥ ♡ PM 8:00 저녁식사

ABC마트에서 사온 도시락으로 간단히 저녁식사.

일곱째 날,

♥ ♡ AM 8:30 기상

맛있는 아침을 먹기 위해 사실 조금 더 일찍 일어날 계획이었으나 눈이 떠진 게 이 시간이다. 그냥 이번 여행은 늦잠 자고 싶으면 늦잠 자고, 크게 계획이나 일정에 구애받지 않고 다니니 마음도 몸도 편했다.

♥ ♡ AM 9:00 아침식사

산보도 할 겸 에그앤띵스까지 걸어갔다. 에그앤띵스는 지점이 2개 있는데 그 중 티파니와 루이비통 등 명품숍 사거리 쪽에 있는 지점에 방문했고, 호텔에서는 도보로 약 10~15분 정도 걸린다.

에그앤띵스(Eggs'n Things) ★★★★☆

주소 343 Saratoga Rd Honolulu, HI 96815
이용시간 06:00~14:00 / 16:00~22:00
예산 1인당 약 20달러

사실 유명한 집이라 바로는 들어가기 힘들다. 최소 20분에서 길게는 1시간도 넘게 줄서는 곳이니, 줄서는 게 부담되는 사람은 처음부터 패스하는 것이 좋다. 다른 곳에 비해 대단히 맛있는 건 아니지만(어차피 들어가는 재료가 크게 특별한 게 아니니) 기대치를 낮추고 방문한다면 괜찮은 브런치라고 생각한다. 우리는 대기자에 명단을 올려두고 기다린 지 30분 만에 2층 테이블에 앉을 수 있었다.

↕ 에그앤띵스로 가는 와이키키 아침 산보
↕ 와이키키 최고 인기의 팬케이크 가게, 에그앤띵스

볼륨감 있는 팬케이크와 생크림의 달콤한 조합. 나는 오믈렛+팬케이크 세트를, 남편은 아침부터 스테이크+팬케이크 세트를 주문했다. 산처럼 올린 생크림이 살짝 부담스러워 다 먹으면 살찌니 조금만 먹어야지 했는데 나중엔 접시에 붙은 생크림까지 다 긁어먹게 됐다. 고소한 마카다미아 너츠가 뿌려진 생크림이 어찌나 부드러운 팬케이크와 잘 어울리는지. 생크림은 아끼지 말고 듬뿍듬뿍 올려서 먹자! (사실 말하지 않아도 자연적으로 그렇게 먹게 된다.)

스테이크는 그냥 무난한 편. 팬케이크 집에서 스테이크는 굳이 주문하지 않아도 될 것 같다. 그리고 세트 메뉴로 2개를 주문했더니 양이 정말 많다. 한 식성하는 우리 부부도 남기고 나올 수밖에 없었다.

♥ ♡ AM 10:30 로열 하와이안 쇼핑센터 산보

아침을 너무 많이 먹어서 호텔 주변을 산보했다. 호텔로 들어오는 길인 로열 하와이안 쇼핑센터 구경도 하고 하와이안 우쿨렐레 레슨도 구경하면서 호텔로 돌아왔다.

↑ 멋진 호텔, 모아나 서프라이더
↓ 항상 인기가 많은 치즈케이크팩토리

⇕ 캔버스 천에 알로하 글씨 하나 새겨져 있을 뿐인데
　예뻐보이는 건 뭐지?

⇡ 예쁘고 맛있는 호놀룰루 쿠키의 마카다미아 너트
　쿠키. 선물로도 대환영.

⇠ 와이키키 최고의 위치,
　하얏트 와이키키

⇣ 와이키키 해변

♥ ♡ AM 11:30 호텔에서 휴식과 짐정리

호텔에서 잠시 휴식하면서 디저트. 호텔에서 선물로 받은 마카다미아 초콜릿. 배가 불러도 디저트는 들어간다. 아침에 취약하다 보니 내일 아침 따로 짐을 정리할 시간이 없을 것 같아 낮에 미리 체크아웃할 짐을 정리했다.

♥ ♡ PM 1:00 와이키키 해변으로

하와이 온 지 7일째가 되어서 드디어 와이키키 해변으로 나갔다. 계속 구름이 좀 낀 날씨라 아쉬웠는데 드디어 해가 쨍쨍한 하와이다운 날씨를 보여준다. 와이키키 해변까지는 도보 대략 10분. 가는 중에도 여기저기 구경하면서 가야 하니 조금 여유 있게 시간을 잡자.

부드러운 모래와 에메랄드빛 해변. 와이키키의 폭신한 모래를 밟으며 남편과 두 손 꼭 잡고 해변을 산책했다. 따뜻한 햇살을 맞으며 잔잔히 밀려오는 바다를 보기만 해도 저절로 힐링이 된다.

♥ ♡ PM 2:30 호텔 수영장

겨울나라에서 기껏 여름나라로 왔는데 수영복 한 번 못 입고 가면 왠지 억울하니까 날씨 좋은 날 호텔 수영장에서 발을 담그고 놀기로 했다. 임신부가 비키니를 입고 있으니 수영장의 모든 사람들의 이목이 초집중된다. 수영장 물이 생각보다 차가워 나는 비치 타월을 몸에 감고 한 번씩 발만 담갔다. 그래도 하와이에서 수영복 입고 싶다는 소원은 풀었다.

♥ ♡ PM 3:30 늦은 점심

수영 후 씻고 옷을 갈아입고 오전에 봐둔 로열 하와이안 쇼핑센터의 푸드코트에서 늦은 점심을 먹었다. 인터내셔널 마켓보다 훨씬 깨끗하고 환경도 좋다. 오늘은 yammy BBQ!

로열 하와이안 쇼핑센터 푸드코트(Royal Hawaiian Center Food Court) ★★★★☆

주소 2201 Kalakaua Avenue, Suite A500, Honolulu, HI 96815
이용시간 10:00~22:00
예산 1인당 10달러

♥ ♡ PM 5:00 DFS 갤러리아

어제 쇼핑했던 마크 제이콥스에서 기저귀가방 말고 하나 더 살까 말까 고민했던 가방이 있어서 다시 한 번 보려고 DFS 갤러리아 마크제이콥스로 갔더니 어제 없던 신상품 가방이 새로 들어와서 그것도 무려 50% 세일을 하고 있다. "이건 사야 해!"를 외치며 구입! 역시나 한국의 1/3로 착한 가격이다. 시기에 따라 차이가 있지만 정기적으로 새로운 제품이 들어오고 세일제품도 달라진다. 원하는 제품이 있다면 자주 들러서 체크해 보는 것도 좋다.

♥ ♡ PM 6:00 알라모아나 쇼핑센터에서 마지막 쇼핑

DFS 갤러리아 앞에서 탈 수 있는 트롤리 버스(알라모아나 쇼핑센터 가는 건 핑크 라인). 친구에게 부탁받은 토리버치 지갑도 사고, 우리도 마지막 밤은 지인들 줄 선물을 사면서 쇼핑으로 마무리하기로 했다. 목욕용품을 좋아해 미국 가면 꼭 배스 앤 보디 웍스(Bath & Body Works)를 체크한다. 다양한 제품들을 프로모션으로 저렴하게 구입할 수 있다. 하나에 3~5달러 정도의 가격으로 다수의 지인들에게 부담 없이 선물하기에도 좋다.

♥ ♡ PM 9:00 호텔로 돌아와 휴식 & 짐정리

점심을 늦게 먹는 바람에 저녁식사 시간을 놓쳐 호텔에서 간단히 간식을 먹기로 했다. 출국 전날에는 체크아웃 준비와 짐 정리를 하고 너무 늦지 않게 잠자리에 들도록 하자. 다음 날 비행기를 오래 타야 하니 충분히 쉬어 주는 것이 좋다.

여덟째 날,

♥ ♡ AM 7:00 기상

이 정도 일정이면 아쉬움 없이 충분하겠다 싶었지만 여행은 날짜에 상관없이 가는 날은 항상 아쉽다. 다행히 어제 준비를 다해 놓고 잠이 들어서 아침에는 짐을 들고 나오기만 하면 되었다.

♥ ♡ AM 8:30 호텔 체크아웃

분실물이 없는지 꼼꼼히 확인한 후 체크아웃.

♥ ♡ AM 9:00 택시로 호놀룰루 공항 이동

택시를 이용하고 싶을 경우에는 프런트에 요청하면 콜택시를 불러 준다. 짐이 많을 경우 밴택시를 요청할 것. 공항까지는 약 20분 남짓 소요되지만 혹시 모를 상황이 있으니 조금 여유 있게 출발하는 것이 좋다.

♥ ♡ AM 9:40 공항 체크인

체크인을 마치니 탑승 시작까지 아직 1시간 이상 남은 상태이다. 공항 안으로 들어가 스타벅스 커피도 한 잔 하고 많지는 않지만 작은 규모의 면세점이 있으니 구경하면서 시간을 보내면 된다. 그리고 당연한 거겠지만 공항 안 기념품이나 상품은 비싼 경우가 많다. 깜빡 잊어 급하게 사야 하는 경우라면 어쩔 수 없지만 웬만하면 관광일정 중에 사두는 것이 좋다.

♥ ♡ AM 11:30 비행기 출발

출발이 아침 시간이라 바로 잠을 잘 수도 없고, 올 때보다는 다소 지루하게 느껴졌지만 개인 모니터에 들어 있는 드라마도 보고 중간 중간 조금씩 잠도 청하며 인천까지 무사히 도착했다.

♥ ♡ PM 5:30 인천공항 도착

여행은 아쉬웠지만 막상 인천에 도착하니 뭔가 내 나라에 돌아왔다는 안도감이 든다. 무사히 마칠 수 있어 감사했던 여행이다. 남편과도 평생 가져갈 좋은 추억을 많이 만들어서 정말 행복했다.

"아가야, 너도 여행 같이 다니느라 수고했어. 담에는 셋이서 오자꾸나."

하와이에서 육아용품 쇼핑하기 – 미국 사이트 적극 활용법

아기용품을 검색하다 보면 유명하다고 입소문난 미국 제품들이 많은데, 한국 백화점 등에서는 가격이 약 2~3배 껑충 뛴다. 필요 없는 제품들까지 미리 다 사놓을 필요는 없지만, 꼭 필요한 제품들은 꼼꼼히 따져 구매한다면 스마트한 쇼핑이 될 것이다.

월마트 등에서 직접 보고 사는 게 가장 좋지만, 하와이 자체에 물건 종류가 많지 않고, 필요한 물건을 다 구입할 수 있는 것도 아니라 인터넷과 병행해서 쇼핑할 것을 추천한다. 인터넷 쇼핑의 경우 물건의 재고 유무도 사전에 확인 가능하고 오프라인보다 가격도 저렴하니 일석이조. 하지만 눈으로 확인할 수 없고 반품, 교환이 힘든 단점도 있으므로 인터넷과 한국 오프라인 매장에서 충분히 정보를 파악한 뒤에 신중하게 구매할 필요가 있다. 미국 내 배송은 무료인 사이트가 많으니, 미리 홈페이지를 통해 주문해 하와이 체재 시 머물 호텔로 받으면 좋다(단, 일부 사이트는 하와이 및 알래스카 등에 별도 추가 요금이 발생하는 곳도 있다).

↑ 미리 해외 사이트에서 주문하여 하와이에 있는 호텔에서 받은 아이템들

↥ 컬러풀한 색상이 사랑스러운 먼치킨 시리
즈. 그중에서도 이유식 스푼은 정말 활용도
100%, 개수도 넉넉해서 더 좋은 아이템

⋯➤ 하와이 월마트에서 구입한 아이템들

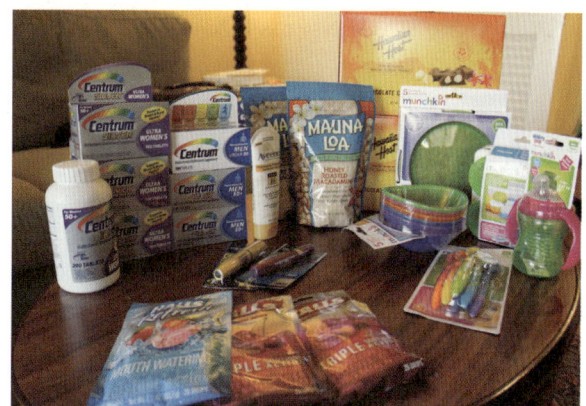

↧ 밀폐용기 세트. 이유식 초기에는 이유식을
조금씩 넣기에 좋지만 용량이 50ml밖에 되지
않아 금방 사용 용도가 모호해질 수 있다. 이
후 요거트나 간식 등 담을 때 사용하는 것도
괜찮다.

* 먼치킨 용기 시리즈는 아이허브(http://kr.iherb.com)에서도 구매 가능

♥ ♡ 다이퍼스 구입 추천 아이템

California Baby Shampoo and Body Wash

슈퍼센서티브 562ml 21.29달러

슈퍼 센서티브와 카렌듈라 두 가지 라인이 있는데 신생아니까 일단은 슈퍼 센서티브로 내겐 이 냄새가 우리 아기 냄새로 자동인식 되어 있다. 향이 거의 없다고 봐야 하는데 아주 은은한 비누냄새 같은 느낌으로 아기 냄새가 난다.

샴푸를 욕조에 두 번 펌핑하고 샤워기를 틀어놓고 있으면 거품목욕 못지않게 충분한 거품이 일어나 거품으로 씻기기에도 적당하다. 이런 액체 비누 타입은 몸에 직접 대고 씻는 것보다 거품 상태로 씻어주는 게 덜 자극적이라고 해 거품으로만 목욕하고 있다.

California Baby Everyday Lotion

192ml 11.59달러

목욕 후에는 로션을 충분히 발라 온몸을 마사지해 준다. 아기는 쉽게 건조해질 수 있다고 하니 여름에도 꼭 산뜻할 정도로 발라주자.

California Baby Calendula Cream

113ml 21.89달러

카렌듈라 크림은 여름에는 발라주지 않아도 된다. 좀 더 보습에 신경 써야 할 때나 기저귀 발진 크림 대용으로도 사용 가능한다. 조금 리치해 겨울철에 유용하다.

Diaper Rash Cream − Calming

82ml 11.59달러

기저귀 발진 크림은 정말 깜짝 놀랄 정도로 효과가 좋다. 다른 유명한 제품들도 많지만 이 제품 하나로도 충분히 만족했다. 조리원에 있을 때 아기가 기저귀 발진이 조금 있다고 해서 갖다 주었는데 그때도 이틀 만에 바로 나았고, 아기가 응가한 뒤나 설사기가 있을 때 엉덩이가 살짝 빨갛게 일어나기도 하는데 그럴 때 발라 주었더니 반나절 만에 깨끗해졌다. 또한 아기들 허벅지살이 겹쳐져 땀띠가 나거나 빨갛게 되는 부분에 발라 줘도 효과가 좋다. 은은한 라벤더 향이 난다.

Aquaphor Baby Healing Ointment

85ml 7.29달러

땀띠나 침독에 좋은 아쿠아퍼 크림이다. 치아가 날 시기가 되면 아이들이 하나같이 침을 많이 흘려 입 주변과 양 볼이 침독으로 벌겋게 올라온다. 자기 전에 한 번만 바르고 자도 확실히 호전된다. 다들 좋다고 극찬하는 데는 이유가 있다. 자주 바르면 더 좋겠지만 평소에 움직일 때는 여기저기 얼굴을 파묻어서 잘 때 아니고는 바르기가 힘들다는 게 단점이다.

Little Noses Saline Spray/Drops

30ml 4.06달러

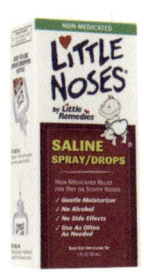

겨울철 방 안 공기가 건조해 코딱지가 생겨 코를 막고 있을 때나 살짝 감기 기운이 있을 때 코를 빼주는 효자 아이템이다. 식염수의 일종인데 신생아 전용으로 나온 거라 안심하고 사용할 수 있다. 콧구멍 안에 2~3방울을 넣어야 하는 게 좀 어려운 작업이긴 하지만, 3분 내에 콧속에서 그르렁거리던 코딱지며 콧물이 엉켜져 나온다. 다만 코에 넣으면 아기들이 엄청 싫어서 몸을 마구 움직이기 때문에 처음에는 사용이 쉽지 않지만 몇 번 넣다 보면 요령이 생긴다.

Johnson's Cotton Swabs – 185 Count

5.39달러

신생아 때 꼭 필요한 신생아 면봉이다. 신생아는 콧구멍이 작은데 시중에 파는 신생아 면봉은 거의 일반 면봉의 2/3 크기다. 면봉을 쓰다가 아기가 뒤척이고 움직여 잘못 들어가기라도 한다면? 생각만 해도 무섭다. 그런 나 같은 초보 엄마들을 위해서 나온 면봉! 이건 앞쪽은 아기 콧구멍, 귓구멍에도 잘 들어갈 수 있게 좁게 되어 있고, 뒤쪽은 큰 솜이 있어서 실수로 더 깊숙이 들어가게 되는 것을 방지한다.

리틀 노즈랑 이 면봉은 세트로 구입할 것을 추천한다. 리틀 노즈 쓸 때 특히 애들이 예민해지고 짜증내기 십상인데 그럴 때도 안심하고 맘 편하게 사용할 수 있다. 개수도 185개나 들어 있어 가격 대비 만족도가 큰 상품이다.

Sassy Disposable Scented Diaper Sacks

5.00달러

아기들 응가 냄새가 의외로 꽤 독하다. 이건 베이비파우더 처리가 된 비닐이라 여기에 싸서 버리면 냄새가 그나마 덜하다. 재미로 한번 사본 아이템인데 의외로 맘에 들었다. 친구나 친척 집 방문, 외출 시에 유용하게 쓸 수 있다.

Summer Infant Swaddle Me Cotton Knit

12.29달러

기적의 속싸개라고 불리는 아이템. 속싸개를 제대로 싸기가 은근히 어렵다. 조리원에서 배운 대로 싸는데도 자꾸 손이 빠지고 어깨가 빠진다. 이건 그냥 생긴 대로 돌돌 싸서 찍찍이로 딱! 붙이기만 하면 돼 완전 편하다. 초보 엄마들에겐 역시 필수 아이템이다. 다만 아기들이 금방 크다 보니 S사이즈를 구입하였는데 길게 잡아 두 달 정도 사용했던 듯하다.

출처: www.diapers.com

※ 가격은 프로모션에 따라 변동될 수 있습니다.

TIP 미국 공식홈페이지에서 구입한 상품, 하와이 호텔로 배송받기

모든 호텔이 다 된다고 할 수는 없지만, 힐튼·하얏트·쉐라톤 등등 대형 호텔 체인의 경우 택배 보관 서비스가 가능하다. 작은 호텔의 경우 호텔에 미리 이메일을 보내거나 전화를 해서 요청할 수 있다.

"호텔에 묵을 예정이고, 택배를 좀 받아야 하는데 먼저 좀 받아서 도착 시 전해 줄 수 있나요?"라고 사전에 확인한 뒤, 해외 사이트에서 물건을 주문하고 shipping address 란에 호텔의 정확한 주소와 이름을 적어준다(룸 넘버는 투숙해야 알 수 있으니 호텔 이름까지만 적으면 된다).

아마존에서 주문하여 shipping address를 홀리데이 인 비치콤버로 주문하고 배송받은 내용

✓ Shipment #1: Shipped on January 8, 2012		Need to return an item?
Shipping estimate: January 8, 2012 (More about estimates) 1 package via USPS		
Shipping Address: ■ ■ ■ 2300 KALAKAUA AVENUE HOLYDAY INN WAIKIKI BEACHCOMBER honolulu, hawaii 96815 United States	**Items Ordered** 1 of: **Think King Mighty Buggy Hook for Stroller, Wheelchair, Rollator, Walker, 2 Pack** [Baby Product] Condition: New Sold by: Amazon.com LLC **Amazon Prime: Standard Shipping is free**	**Price** $13.43
Shipping Speed: Standard Shipping	1 of: **Baby Buddy Secure-A-Toy, Navy/Red** [Baby Product] Condition: New Sold by: Amazon.com LLC **Amazon Prime: Standard Shipping is free**	$4.99

이때, 호텔 체크인 이름과 쇼핑 사이트 구매자 이름이 같아야 호텔 측에서도 쉽게 알아볼 수 있다. 보통 호텔 체크인하는 이름은 남편 이름, 구매자 이름은 부인 이름으로 하는 경우가 많은데 한국처럼 남편 성과 부인 성이 다를 경우, 투숙객 이름이 확인되지 않아 반품시키는 경우가 생길 수 있으니 유의하자.

또한 택배 주문 시기가 중요한데 사이트마다 Shipping & Delivery 안내가 되어 있으며, 대략 미국 국내의 Shipping 기간을 알려준다.

Standard Shipping이 일반 배송인데 미국 내에서는 3~5영업일 걸린다고 명시되어 있다. 3~5영업일이면 주말을 빼고 일주일 정도 잡으면 된다. 또한 하와이의 경우 본토와의 거리가 있으니 3~4일 더 잡으면 비교적 안전하다. 넉넉잡고 투숙 전, 20일 정도

여유를 두고 주문하면 호텔 체크인 때는 이미 도착해 있을 테고, 이를 프런트에서 확인해 트렁크와 같이 룸까지 포터서비스 받으면 OK!

주문 후 배송이 시작되면 웬만한 사이트에서는 주문 추적 번호(Tracking Number)가 뜨고 조회가 가능하니, 짬짬이 확인해서 체크인 전인데 이미 호텔에 도착했다 싶으면 호텔 측에 양해를 구하고 연락해두는 것이 좋다.

When will your items arrive?

Shipment #1: 4 items - delivery estimate: January 17, 2012

Order Placed: January 7, 2012

아마존의 경우, 2012.01.08에 배송이 시작되었는데 완료된 것은 2012.01.17이었으니 배송 후 딱 열흘 걸린 셈이다. Shipping 전 입금확인, 물품준비, 배송준비 기간이 또 며칠 걸리니 주문한 시점까지 포함하면 2주 정도 소요되었다.

배송 기간은 사이트별로 다르니 사전에 꼭 확인하도록 하자. 아마존은 일반 배송치고 빠른 편이다. 모 어패럴 사이트의 경우 영업일 기준 2~3주 걸리고, 어쩌면 그 이상 걸릴 수도 있다고 되어 있어서 아쉽지만 포기했다. 그러니 꼭 사이트별로 배송날짜를 확인하고, 그 날짜에 역순으로 계산하여 주문하도록 하자.

한번은 좀 늦게 주문하는 바람에 결국 호텔 체재 중에 받지 못하고, 체크아웃한 다음 날 물건이 도착한 적 있었다. 그래서 현지에 체재하고 계시는 분을 통해 다시 국제 배송으로 받는 곤란한 상황을 겪었다. 친구 집에 묵는 것이라면 대신 받아줄 사람이 있으니 괜찮지만 호텔에서는 체크아웃한 사람은 이미 떠난 사람이기 때문에 취급에 난감해져 보통 반품을 시킨다. 이때에도 반품, 환불 불가 세일 상품의 경우 환불이 불가하니 주의해야 한다.

또한 기본적으로는 해외에서 한국으로 반입 가능한 면세범위를 확인해서 나중에 추가로 세금을 물어야 하는 상황이 발생하지 않도록 해야 한다.

★☆ 인터넷 쇼핑 사이트 추천!

1. 다이퍼스(www.diapers.com)
출산 준비를 하면서 이것저것 검색을 하다 보면 꼭 보게 되는 다이퍼스. 아기용품의 시작이자 모든 것이라 할 수 있는 곳이다. 첫 구매는 할인이 적용되고, 시즌에 따라 좋은 할인 프로모션이 진행된다.

2. 폴로 랄프로렌(www.ralphlauren.com)
폴로는 아기들에게 입혀 놓으면 참 멋지고 예쁜 옷들이 많다. 하지만 한국 백화점 매장에서 구입하려면 아기 옷치고 꽤 부담스러운 금액인 데다 종류가 다양하지 않아 다소 아쉬운 때가 많다. 미국 공식 홈페이지에서 구입하면 정말 다양한 아이템을 프로모션을 이용해 착한 가격으로 구입할 수 있다.

출처: www.ralphlauren.com

* 사이즈 참고
미국 브랜드이다 보니 미국 아기들이 기준인 사이즈이다. 미국 아기들은 한국 아기들보다 머리둘레도 작고 몸도 작다고 생각하면 된다. 따라서 한국 아기의 평균 이상이라면 해당 개월에 맞는 사이즈로 주문하면 작을 확률이 높다.

나의 경우, 아기가 좀 작고 마른 편이라, 폴로의 정사이즈가 딱 맞았지만, 일반적인 한국 아기의 경우 해당 개월보다 1~2사이즈 크게 구입하면 안전할 듯하다. 특히 겨울 외투나 푸퍼의 경우는 겉옷을 입고 입혀야 하니까 좀 더 넉넉한 사이즈로 사놓으면 겨울 내내 입을 수 있다.

개월 및 몸무게별 사이즈 참고표

개 월	신생아	3개월	6개월	9개월	12개월
몸무게	3kg	5.5kg	7kg	8kg	9.5kg
폴로	NB	3~6M	6M or 9M	9M or 12M	9M or 12M
갭	60	60	70	70	80

3. 스와들 디자인(www.swaddledesigns.com)

국민 속싸개로 유명한 스와들 디자인. 일반 담요는 25달러, 여름용 거즈면 담요는 15달러 정도이다. 세일 상품이나 프로모션을 이용하면 좀 더 저렴한 가격에 구입할 수 있다. 아기띠나 유모차로 외출 시 담요는 꼭 필요한 아이템이다. 사실 디자인이 거기서 거기라 좀 식상했는데, 요즘에는 예쁜 신상품도 많이 나와 있다. 도톰한 일반 담요 2개, 여름용 거즈 담요 2개 정도를 주문해두면 편하게 쓸 수 있다.

4. 드웰 스튜디오(www.dwellstudio.com)

뉴욕과 북유럽의 감성이 적당히 어우러져 사랑스러운 느낌의 듀웰 스튜디오. 심플하면서도 눈에 들어오는 디자인과 실용적인 기능성까지 갖췄다.

내가 가장 잘 활용하고 있는 것은 역시 런치박스. 보온보냉 기능에 방수까지, 그리고 아기 분유와 몇 가지 간단하게 필요한 것들을 담기에 딱 알맞은 사이즈이다. 단, 배송이 조금 늦다. 일반 배송이 영업일 기준 2주 정도로 적혀 있었으니, 최소한 한 달전에는 주문을 완료할 것.

출처: www.swaddledesigns.com   출처: www.dwellstudio.com

하와이에서
13년째 살고 있는
주부에게 묻다

Q. 자기 소개 부탁드립니다.

하와이 매력에 푹~ 빠져 13년째 거주 중인 행복한 그래픽 디자이너 '케리 리'입니다. 하와이 여행 관련 블로그를 운영하면서 하와이 구석구석 숨은 맛집과 관광지를 소개하고 있습니다. 그렇게 모은 정보들로 『하와이에 반하다』라는 책도 쓸 수 있었어요.

Q. 하와이에서 가장 좋아하는 장소는 어디인가요?

지상낙원이라는 명성에 걸맞게 하와이에는 관광 명소가 참으로 많이 있는데 그중에서도 저는 스노클링으로 유명한 열대어의 천국 '하나우마 베이'를 추천하고 싶습니다. 하나우마 베이는 말굽 모양으로 구부러진 백사장과 산호초 그리고 푸르고 투명한 바다가 정말 아름다운 곳입니다. 깨끗한 바닷속 열대어, 산호초와 어우러져 스노클링을 즐길 수 있는 오아후 섬 최고의 해변입니다. 그 옛날 하와이 왕족들만 물놀이를 즐겼던 곳으로 유명한 이곳은 산과 바다가 함께 어울러져 장관을 이루는 오아후 최고의 관광 스팟이라고 할 수 있습니다.

태교여행 시 스노클링이 조금 부담스럽다면 아름다운 하나우마 베이를 한눈에 볼 수 있는 뷰포인트에서 경치를 감상해 보세요. 웅장한 산맥이 푸른 해안을 둘러싼 장관을 보고 나면 우울한 기분부터 그동안 쌓인 모든 스트레스가 싹~ 사라질게 될 겁니다.

Q. 하와이를 여행하기에 가장 좋은 시기는 언제인가요?

하와이는 매년 5~8월이 성수기입니다. 5~8월은 여름으로 화창한 날씨가 이어지며 소나기가 내리는 빈도도 적어 날씨 걱정 없이 하와이 여행을 즐기실 수 있기 때문입니다.

모든 관광지가 그러하겠지만 성수기에는 호텔 비용과 비행기 티켓 가격을 비롯해 전반적으로 물가가 높아집니다. 따라서 성수기가 시작되는 5월 바로 한 달 전 4월을 하와이 여행하기 가장 좋은 시기라고 말씀 드리고 싶습니다. 4월은 성수기에 접어들기 전 물가가 비교적 안정적이며 4월 초부터는 하와이 날씨 또한 화창한 여름 날씨가 이어지기 때문입니다.

Q. 호놀룰루 맛집을 소개해주세요.

마루카메 우동

와이키키 쿠히오 에비뉴에 위치한 마루카메 우동은 오픈한 지 그리 오래되지는 않았지만 많은 관광객들 사이에 유명한 맛집으로 자리 잡은 일본 전통식 우동집입니다. 마루카메 우동은 이미 일본에서 큰 인기를 얻은 일본 우동 체인점으로 식사시간 때면 긴 시간을 기다려야만 입장할 수 있는 와이키키 맛집입니다. 직접 반죽해 뽑은 신선하고 탱탱한 우동 면발과 더불어 즉석에서 바로 바삭하게 튀겨 주는 다양한 종류의 일본식 덴푸라를 즐길 수 있어 하와이 여행 시 한번쯤은 들러 맛봐야 하는 맛집으로 손꼽힙니다.

카페 카일라

타운 내에 위치한 카페 카일라는 새콤달콤한 신선한 생과일이 한가득 토핑으로 함께 나오는 팬케이크 전문점입니다. 관광객보다는 하와이 현지인들에게 인기가 좋은 팬케이크 하우스로 아침식사와 브런치를 즐기기에 적합한 장소입니다. 과일 토핑으로는 딸기, 블루베리, 바나나, 시

나몬 애플을 선택할 수 있으며 와플이나 팬케이크 주문 시 모든 과일토핑을 선택해 주문하는 것을 추천합니다.

지오바니 새우트럭

하와이 놀스쇼어의 명소 지오바니 새우트럭은 하와이에서 꼭 들러봐야 하는 코스로 이미 많은 관광객 사이에 유명한 맛집으로 알려져 있습니다. 특히 지오바니의 마늘향이 가득한 마늘새우는 한국사람 입맛에도 딱 맞아 많은 관광객들 사이에서 입소문을 타고 큰 사랑을 받고 있습니다. 오아후 섬 투어 중 꼭 들러 맛있는 새우요리로 점심식사를 해 보세요.

Q. 하와이 여행, 나만의 여행 Tip을 소개해주세요.

쇼 핑

와이켈렛 아웃렛과 알라모아나 쇼핑센터 세일 행사를 잘 활용해 보세요. 세일 행사 정보는 해당 홈페이지에서 자세히 확인할 수 있습니다. 평소보다 더욱 저렴하게 쇼핑할 기회를 얻을 수 있습니다. 또한 한국에서 인기 있는 브랜드를 저렴한 가격대로 쇼핑할 수 있어 관광객들의 필수 쇼핑 코스이기도 합니다.

맛 집

와이키키 간판대에 무료 쿠폰북을 활용해보세요. 다양하고 유명한 맛집들의 쿠폰을 쉽게 얻을 수 있습니다.

투 어

여행일정에 하루 정도는 렌터카를 빌려 오아후 섬 투어를 해보세요. 하와이 사람들의 소소한 생활모습도 엿볼 수 있고 지역 음식과 현지인이 직접 재배한 하와이 열대과일 그리고 유명 관광지 스팟을 돌아볼 수 있습니다.

날 씨

날씨가 안 좋은 날에는 투어보다는 쇼핑 스케줄을 추천합니다. 하와이는 날씨에 따라 해변의 색깔이 달라 보여 비가 오거나 햇빛이 강하지 않은 날에 사진처럼 예쁜 해변을 만날 수 없기 때문입니다.

Q. 태교 여행으로 하와이를 선택하시는 분들께 한마디 해주세요.

하와이는 자연과 푸르른 해안이 너무나도 아름다운 지상낙원입니다. 화창한 날 에메랄드빛 하와이 해안이 햇빛에 비쳐 반짝이는 황홀한 바다를 바라만 보고 있어도 스트레스는 사라지고 머릿속이 맑아지는 느낌이 듭니다. 높은 하늘과 아름다운 해변 싱그러운 코코넛 야자수가 있는 하와이 해변에서 맑은 공기를 마시며 태교여행의 즐거움을 느껴보세요.

Kerry Lee, 『하와이에 반하다』의 저자
blog: http://kerrystory.com/
twitter: @alohakerry

응급 대비 하와이 병원 알아두기

1. 와이키키에 위치한 종합 간이 응급실

와이키키 중심부에 위치한 princess kaiolani hotel 1층에 위치한 straub clinic & Hospital. 와이키키 관광객들을 위한 병원으로 사전예약 없이 방문할 수 있다. 사전 예약이 어려워 대기시 간이 조금은 길어질 수 있지만 비용이 어마어마하게 비싼 하와이 응급실 대신 이용할 수 있어 하와이 현지사람들에게도 편리한 병원으로 알려져 있다.

straub clinic & Hospital

120 Kaiulani Avenue, Lobby Level, Honolulu, HI 96815

808-971-6000

Hours of Operation: 7 days a week, 7 a.m. to 11 p.m. daily

2. 외래(한국어가 가능한 의사선생님이 있는 병원)

산부인과

John C.H. Lee, M.D.(와이키키에서 가장 가까운 병원)

2153 N. King Street, Ste. 321, Honolulu, HI 96819

808-841-3644

Richard S. Oh, M.D.

St. Francis Medical Plaza – West, 91-2139 Ft. Weaver Road, #309, Ewa Beach, HI 96706

808-677-7793

302 California Avenue, Suite 202, Wahiawa, HI 96786

808-621-7959

소아과

David S. Cha, M.D

St. Francis West Plaza, 91-2139 Ft. Weaver Road, Suite 211, Ewa Beach, HI 96706

808-671-7216

3. 산부인과 & 소아과 종합의료시설(분만 가능)

Kapiolani Medical Center for Women & Children

1319 Punahou Street Honolulu, HI 96826

808–983–6000

Visiting Hours: 11 a.m. to 8:30 p.m., 7 days a week.

응급센터: 24–Hour Emergency Care 808–983–8633

외래 산부인과: 808–983–8653

외래 소 아 과: 808–983–8641

기타 산부인과 & 소아과 관련 병원 정보

http://www.kapiolani.org/women–and–children/default.aspx

　외국에서는 의료보험이 적용되지 않아 병원비가 비싸다는 단점이 있으니 만약을 대비해서 여행자보험을 가입해두는 것을 추천한다. 하지만 여행자보험을 가입했다고 하더라도 해외여행 도중에 발생한 출산 및 유산에 관해서는 보상내역에 포함되지 않으므로 주의할 것.

※ 해당 의료 기관 정보는 2014년 03월 현재 상황으로 인터넷상에 공개된 내용을 토대로 작성된 것입니다. 혹시 모르니 전화로 예약하고 방문할 것을 추천합니다.

하와이는 비쌀 것 같다?
NO! 전체 여행경비 전격 공개

항 공	평소 마일리지(마일리지 적립 단순 계산 비용 약 80만 원)×2명
렌터카	3일간 약 300달러
호 텔	힐튼 4박: 599달러
	홀리데이 2박: 포인트 사용(단순 계산 비용 약 40만 원)
식 사	1일 50달러×7일 = 350달러
합 계	약 300만 원(2인 기준, 기타 쇼핑 비용은 별도)

단순 계산이긴 하지만 약 300만 원으로 6박 8일간의 하와이 여행을 즐길 수 있다. 나의 경우, 항공권과 호텔 비용에서 마일리지와 포인트를 사용해 더욱 부담이 없기도 했다. 그러나 예산에 맞춰 호텔 비용을 약간 낮추고 렌터카를 패스한다면 훨씬 더 줄일 수 있으리라 생각한다. 하와이로 여행 간다고 하면 무조건 비쌀 것 같지만, 잘만 알아보면 생각보다 저렴하게 갈 수 있다.

우리 아기
만난 후
|아기와 함께하는 여행

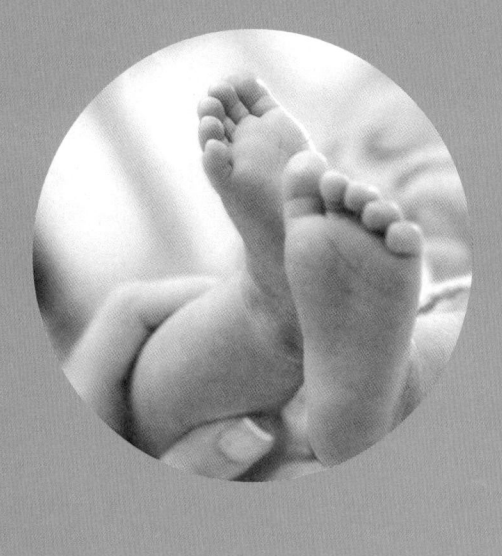

내 인생에서 가장
행복한 일, 출산

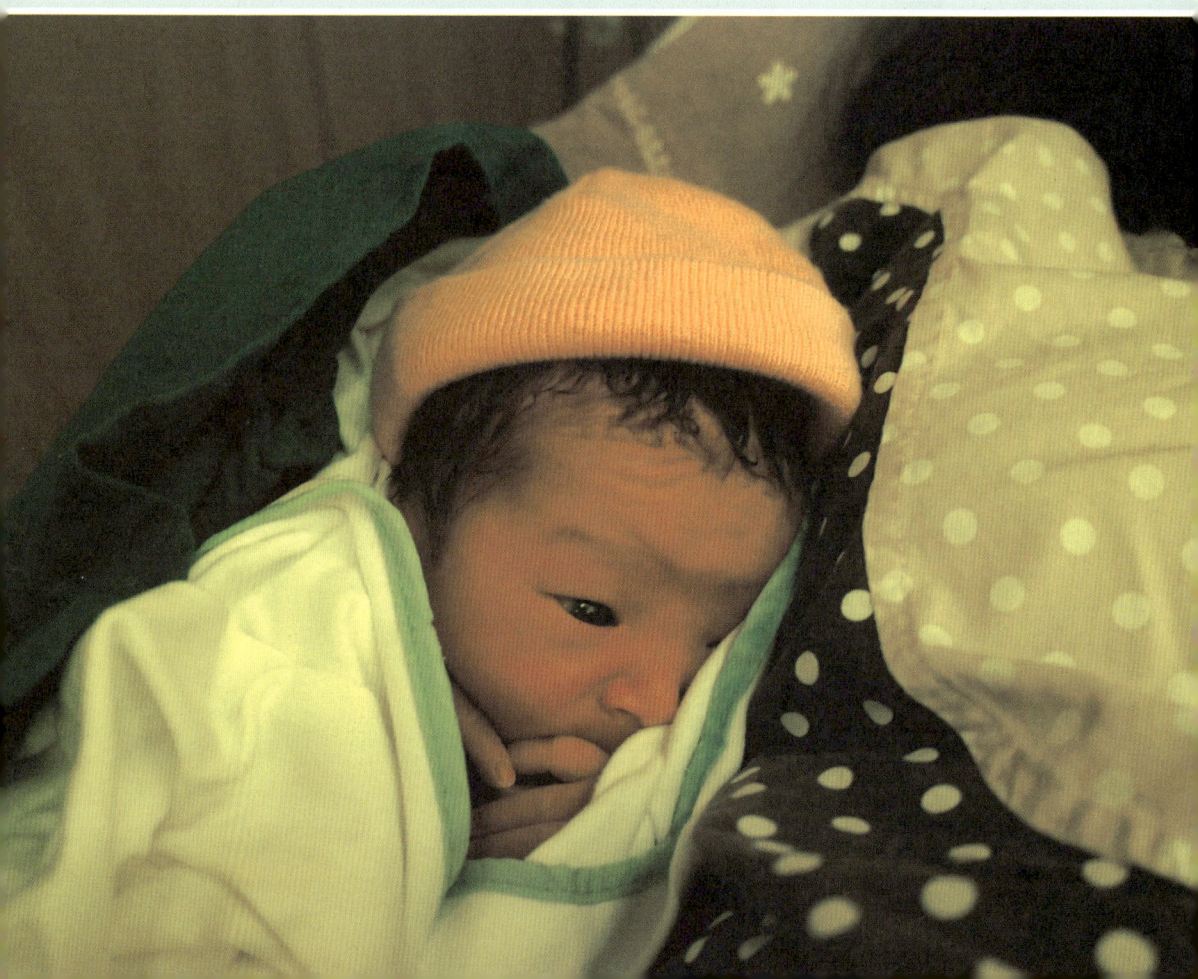

여자의 인생은 출산 전과 후로 나뉜다

태명이 '뽀뽀'였던 우리 아기, 하준이가 태어난 날은 아마도 내 인생을 통틀어 가장 감동적이고 행복했던 순간이 아닐까 싶다. 새 생명의 탄생에 대한 기쁨을 온 몸과 마음으로 느끼던 날. 주위로부터 많은 축하와 축복을 받고, 나와 내 아기가 이 세상의 주인공이 되었던 그날. 세상에 그 어떤 일이 새 생명을 만들어내고 아이를 양육하는 일보다 더 값지고 위대할 수 있을까.

이렇게 여자는 출산을 통해 '엄마'라는 새로운 이름을 갖게 된다.

참으로 오랫동안 기다렸던 이름, 그리고 너무나 가지고 싶었던 이름 '엄마'인데 막상 엄마가 되고 보니 엄마라는 삶은 그리 호락호락하지 않다. 아기를 키운다는 게 그냥 귀여운 아기 얼굴만 보고 있으면 되는 게 아니었다.

수유하기 위해 졸린 눈 비비며 새벽에 일어나 분유 타는 일부터 시작해 낮에는 아기랑 어떻게든 놀아주려고 아기 앞에서 온갖 재롱을 다 부려야 하고, 하루라도 좋으니 대자로 쭉 뻗어 늦잠 한번 실컷 자봤으면 싶다.

아기는 보면 볼수록 너무 예쁘지만 예쁜 마음과 상반되게도 육아는 하면 할수록 어렵다. '아기가 최고로 예쁠 때는 잠잘 때더라'라는 선배 엄마들의 이야기가 가슴속 깊이 공감되기 시작한다.

결혼으로 내 삶이 1에서 2로 바뀌었다면, 출산 후 내 삶은 1에서 10으로 바뀌었다. 사실 남편이야 내가 없어도 밥은 도시락 사먹으면 되고 내가 재워주지 않는다고 잠 못 자는 것도 아니다. 그런데 아기는 밥도 먹여줘야 하고, 잠도 재워줘야 하고 엄마, 아빠의 케어가 100% 필요한 존재이다 보니 한시도 눈을 뗄 수가 없다. 그동안 배 깔고 누워서 시간을 보내거나 '불 타는 금요일'에 '치맥(치킨+맥

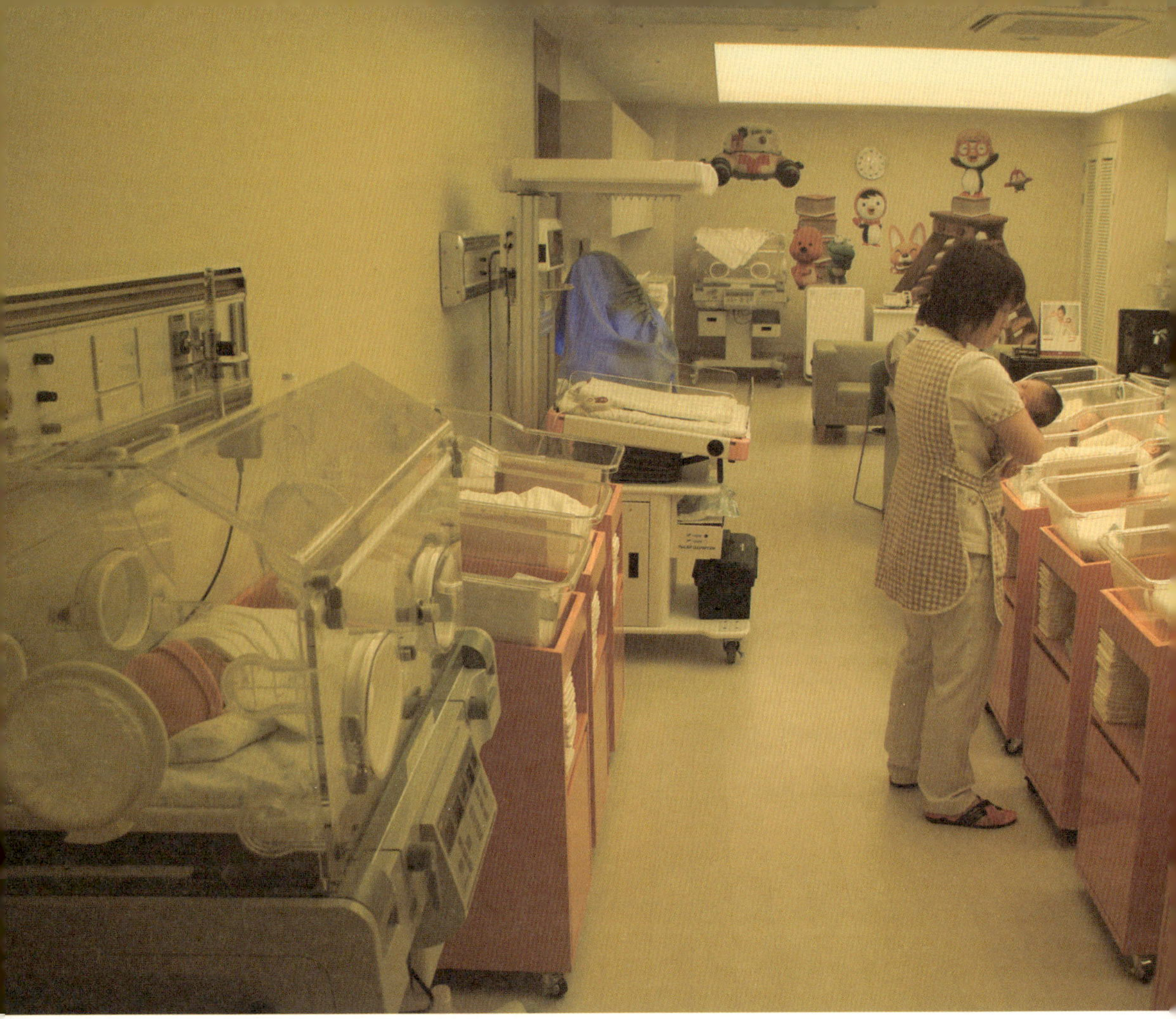

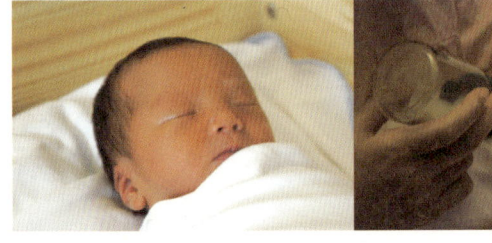

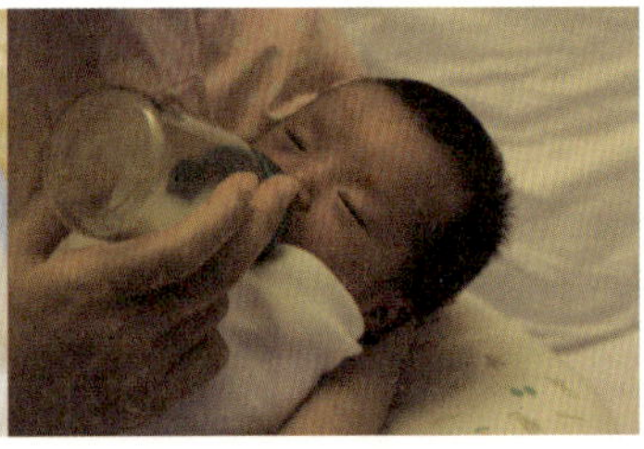

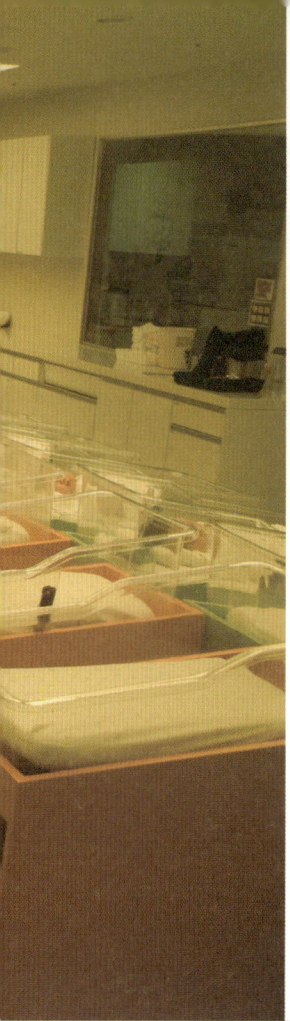

주)'을 먹으며 드라마 보고, 영화 보고 여가를 즐겼던 내 시간 따위는 이제 안드로메다로 가버린 것이다.

그나마 다행인 것은 이러한 상황을 무방비로 맞이하지 않아도 된다는 것이다. 요즘엔 좋은 육아서가 많아서 이러한 상황들에 대해 미리 마음의 준비를 할 수 있다. 나 역시도 『베이비 위스퍼』라는 책으로 많은 도움을 받았다.

아기의 수유 패턴을 잡고, 수면 훈련만 잘 되어도 육아는 한결 쉬워진다. 그러다 보면 아기의 울음소리를 듣고 그 이유를 캐치할 수도 있게 된다.

- · 1단계 아기에게 무조건 맞춰 주기
- · 2단계 우리 아가의 규칙을 파악하기
- · 3단계 규칙을 조금씩 컨트롤하기

이런 단계를 거치면서 육아가 조금씩 '눈에 보이기' 시작했다.

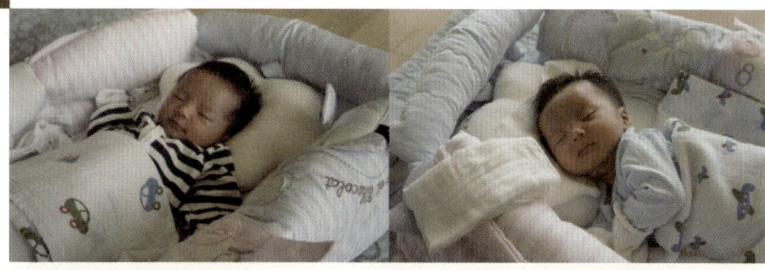

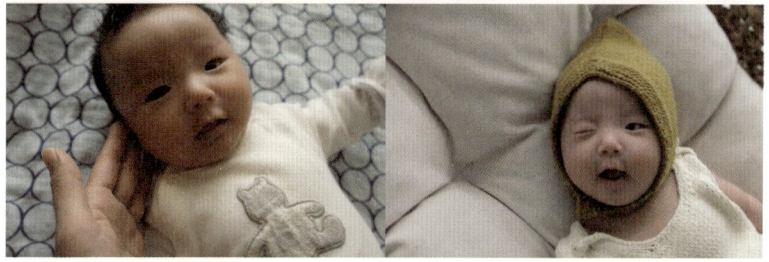

이 책은 육아서가 아니므로 육아의 노하우 등을 구구절절 쓸 생각은 없다. 그런 내용을 쓸 정도의 육아 달인도 아니다. 다만 정말 육아에 소질 없는 나조차도 육아에 대해 준비를 하고 임했더니 어느 정도 할 만하더라고 이야기하고 싶다. 시간이 지날수록 그 패턴과 규칙을 더 잘 알게 되고, 나만의 '우리 아기 다루는 방법'도 생기면서 말 못하는 아기지만 뭔가 "교감"하고 있음을 느낄 수 있었다. 그때부터는 육아가 즐거워지기 시작한다. 어리바리 초보엄마가 육아 공포증에서 살짝 벗어나 약간 자신감도 생기고 아기와 보내는 일상에 어느 정도 적응이 되었다면 이젠 아기와의 여행도 시도해볼 만하다.

아기와 함께하는 해외여행 준비하기

아기는 몇 개월부터 해외여행이 가능할까?

일반적으로 100일 이후면 비행기를 탑승하는 데 문제가 없다고 한다. 내가 현재 일본에서 살고 있기 때문에 주변에서도 한국 친정에서 출산을 하고 다시 일본으로 아기를 데리고 들어오는 케이스를 많이 보는데 보통 100일까지 친정에 있다가 돌아오는 경우가 많다. 한-일 구간이야 사실 비행기 내 탑승 시간이 2시간 남짓이라 그리 부담되지는 않지만 더 멀리 가야 할 경우에는 소아과 의사선생님과 상담을 한 후 아기의 컨디션을 체크한 후에 가는 것이 좋다. 이왕이면 예방접종 직후, 기념사진 촬영 직후 등 컨디션에 문제가 생길 만한 일정을 피하여 탑승한다.

아기와의 해외여행 공통 준비사항

1. 아기 여권

가장 중요한 것! 너무나 당연해서 빠뜨릴 수도 있으니 다시 한 번 확인하자. 그리고 비자가 필요한 나라라면 사전에 비자 발급도 미리 해야 한다.

- 여권발급신청서(구청에 구비)
- 보호자 신분증: 미성년자일 경우, 법정대리인이 신청해야 하고, 법정대리인의 신분증을 지참(단, 5년짜리 전자여권만 발급)
- 수수료 35,000원
- 여권용 아기 사진 1매: 최근 6개월 이내에 촬영된 가로 3.5cm×세로 4.5cm의 사진. 사진 손상을 대비해 여분 사진을 1장 더 준비해 가는 것이 좋다.

아기의 여권사진 규격(신생아 동일)

- 6개월 이내 촬영한 귀가 보이는 정면사진
- 사진 크기: 가로 3.5cm×세로 4.5cm(얼굴 길이: 2.5cm×3.5cm)
- 흰색 바탕의 무배경 사진(배경이 있을 경우 발급 장비의 인식불능으로 처리 불가)
- 모자, 색안경, 제복, 흰색 계통의 의상착용 사진 제외
- 초점이 명확하지 않거나 수정된 사진 등은 위조 또는 타인 명의의 여권으로 오인되어 출입국 시 불이익을 받을 수 있음

---

* p.170 "tip. 집에서 찍는 우리 아기 첫 여권사진"을 참조하세요.

2. 여행자보험

아기 혹은 나를 포함한 가족이 갑자기 아플 수도 있을 것에 대비해 여행자보험은 꼭 가입하고 가도록 한다. 어른의 경우는 미리 준비해 간 약이라도 먹으며 조금 견뎌볼 수 있겠지만 아기는 갑자기 고열이 날 수도 있고, 조심을 한다고 해도 예상치 못한 일이 발생할 수 있다. 현지에서 병원을 찾을 경우, 건강보험 미가입자

는 예상 외의 고액의 진료비가 부과될 수 있고 막상 너무 비싼 진료요금에 병원 가는 것이 부담이 될 수도 있으니 미리 보험에 들어서 만일의 경우에 대비한다.

단, 24개월 미만의 아기는 여행자보험 가입 시 제약이 있을 수 있으니 조건을 잘 알아보고 가입하는 것이 좋다.

3. 아기 옷

여벌 옷과 가제수건

하루 2~3벌 정도로 계산하여 조금 넉넉하게 가져간다. 옷에 음식물을 흘리거나 물을 쏟거나 토를 하는 등 옷을 갈아입힐 일이 꽤 많다. 숙소에서 빨래를 할 수 있다면 세탁할 횟수를 감안해서 가져가면 된다(그럴 경우 아기용 세탁세제도 작은 통에 따로 갖고 가거나 현지에서 구입).

겉옷, 양말, 모자

특히 더운 나라로 여행할 경우에는 반드시 카디건이나 후드재킷 등 내부에서 살짝 걸칠 만한 겉옷을 꼭 가져가자. 자외선 차단을 위한 모자도 필수. 참고로 모자는 갑자기 씌우면 갑갑해 자꾸 벗으려 한다. 미리 모자 쓰는 연습을 시켜두자.

4. 아기용품

유모차

항공사마다 차이는 있지만 게이트에서 건네주고 건네받는 door-to-door서비스를 이용해 가져가면 편리하다. 다만 유모차가 늦게 나온다는 단점이 있기 때문에 각자의 여

행 일정에 맞게 조정이 필요하다. 기내 반입 가능한 사이즈의 유모차 케이스가 있는 경우에는 케이스에 넣어 가지고 탔다가 케이스째로 가지고 내리는 것도 좋은 방법이 될 수 있다.

아기띠
아기와 외출 시에는 필수이다. 유모차를 잘 안 타는 아기들이나 유모차로 가기 힘든 경우, 아기 재울 때 등 여러 필요한 상황들이 생길 수 있다.

기저귀 & 물티슈
1~2일 쓸 정도만 가져가고 이후로 쓸 것은 현지에서 구입해서 사용하면 출발 시 짐을 줄일 수 있다.

목욕용품
베이비 로션, 샴푸 등 베이비페어 등에서 받았던 샘플을 유용하게 활용할 수 있다. 하지만 아토피가 있거나 피부가 민감한 아기라면 평소 쓰던 스킨케어 제품을 그대로 가져가는 것이 좋다. 100일까지는 아직 위생에 주의해야 할 시기이므로 아기 전용 목욕타월은 따로 가져간다. 100일 이후로는 호텔에 배스타월이 있는 곳이라면 굳이 아기 타월을 준비해가지 않아도 된다.

아기 손톱깎이와 면봉
아기 손톱은 생각보다 금방 자란다. 여행 전에 손톱을 깎아주고, 일정이 5일 이상이라면 손톱깎이도 꼭 챙겨갈 것.

비상약
감기약, 설사약, 해열제와 열시트, 체온계를 준비한다(열이 38도를 넘기면 설명서에

적힌 용량대로 해열제를 복용시킴). 비행시간이
길다면 비행기 안에서의 응급용으로 조금
빼두자. 약의 사용법이나 용량 등은 당황하
면 잊어버리기 쉬우므로 프린트해 두거나
스마트폰의 메모장에 기입해 두면 좋다.

장난감

놀이용과 달래기용으로 개월에 맞는 장난감을 챙겨 간다. 놀이용은 짐 가방에
넣고, 달래기용은 비행기 안이나 이동시간 혹은 아기가 보챌 경우에 주로 사용
되므로 기저귀가방 안에 쏙 들어갈 수 있을 정도로 작은 것이 좋다.

5. 응급 시 방문할 병원 찾아두기

아기와 함께하는 여행의 경우 가장 걱정되는 것이 아기가 현지에서 혹시 아프지
는 않을까 하는 것이다. 안 아프고 무사히 여행을 잘 마치는 게 좋겠지만 아기는
고열이나 설사 등 피치 못하게 병원에 꼭 가야 할 상황이 생길 수도 있다. 숙소
에서 가장 가까운 병원을 알아두고, 가능하다면 한인 병원이나 인터내셔널 병원
의 위치와 진료시간 등을 미리 파악해둔다. 인터넷에 관련 정보가 없는 경우는
투숙할 호텔로 사전에 메일을 보내 정보를 얻어두자.

집에서 찍는 우리 아기 첫 여권사진

동네 사진관에 신생아 여권사진 비용을 물으니 13,000원이라고 한다! 어차피 뉘여서 찍는 건 똑같은 듯싶어서 그냥 엄마표로 찍기로 결정했다.

배경은 하얀색 계통의 속싸개 등을 구김 없이 펴서 깔고, 아기의 컨디션을 확인한 후 문제없으면 원색 의상을 입혀 사진 찍는 연습을 해본다. 여권사진은 양 귀가 보여야 한다는 조건이 있는데, 아기들은 볼이 통통해서 귀가 양쪽 다 보이게 찍기가 정말 어렵다. 이럴 때는 귀 뒤 사이에 지우개를 조그맣게 잘라서 끼우고 고정시키거나 휴지를 조금 도톰하게 말아서 귀 뒤에 고정시키면 자연스럽게 귀가 보이는 사진을 찍을 수 있다.

하지만 아기들이 안 움직이고 정면을 잘 보고 있는 게 쉬운 일이 아니니 연속촬영을 추천한다. 한 번에 성공한다는 생각을 하지 말고 2~3일 정도 여유를 잡고 한 번에 100장 이상은 찍어야 겨우 건질 만한 사진을 찾을 수 있으니 여유를 갖고 임하자.

촬영에 성공하면 사진 편집 프로그램으로(초보자들은 '포토스케이스' 추천) 배경색이 구김 없는 흰색으로 나올 수 있도록 보정을 조금 해준 후, 집에서 직접 프린터로 뽑거나 인터넷 사진 인화 사이트에 맡기면 익일 바로 배송되며 단돈 1,500원에 해결할 수 있다.

여권사진 실패버전

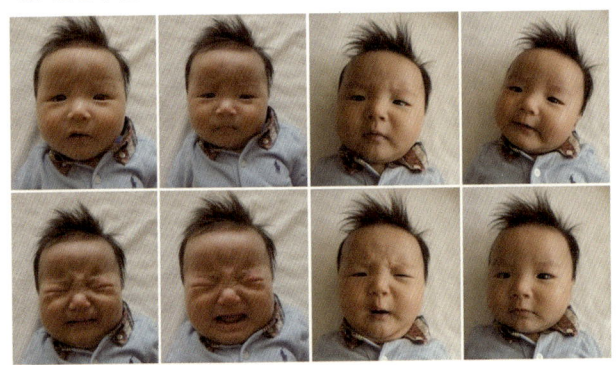

드디어 성공!

 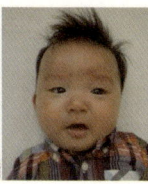  

인화 사이트를 통해 받은 우리 아기 첫 여권사진!

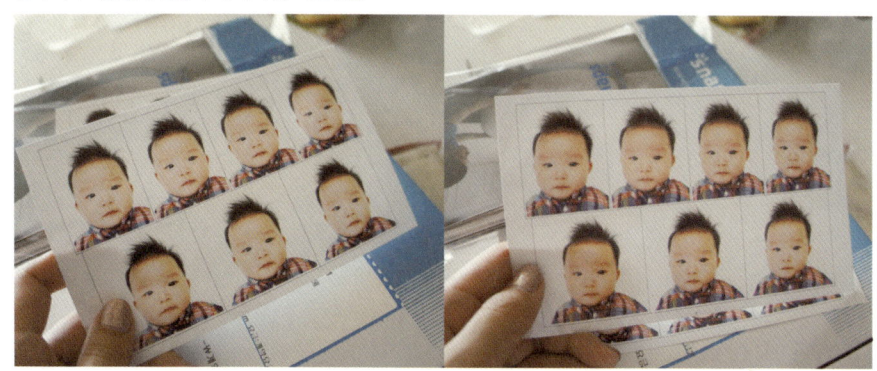

아기와 함께하는 여행 1
생후 100일

도쿄 여행

아기와 함께하는 도쿄 여행 준비

우리 아기 첫 비행에 관한 준비

생후 100일까지는 계속 잠만 자기 때문에 사실 돌쟁이 아기랑 비행기 타는 것보다 훨씬 쉽고 편하다. 배부르게 잘 먹여주고 잠만 잘 재워주면 큰 문제 없이 비행이 가능하다. 그리고 유모차는 게이트 바로 앞까지 가지고 갈 수 있기 때문에 아기도 엄마도 편하게 공항 내에서 이동할 수 있다.

사전에 항공사에 필요 물품 요청하기

비행기 탑승 전에 아기를 눕혀 재울 수 있는 배시넷(아기바구니)과 분유(혹은 이유식), 기저귀를 같이 신청한다. 국적기의 경우, 48시간 이내에 신청해야 하며, 항공사마다 신청 마감시간이 다르니 사전에 확인해 보는 것이 좋다.

아기의 공항패션

상하 따로 떨어져 있는 옷보다는 하나로 쭉 이어진 보디수트를 입히는 것이 편하다. 떨어져 있는 옷은 배가 나와서 자꾸 옷매무새를 만져주어야 하기도 하고 기저귀 갈 때 바지를 벗기고 다시 입혀야 하는 과정이 필요하지만 보디수트는 똑딱이만 열었다 닫아주면 되니 기저귀 갈 때도 편하고 전체가 이어져 있으니 안고 있기에도 편하다.

귀 먹먹한 현상 방지

비행기 이착륙 시 기압차로 인해 귀가 먹먹해지거나 아픈 현상은 아기들도 어른

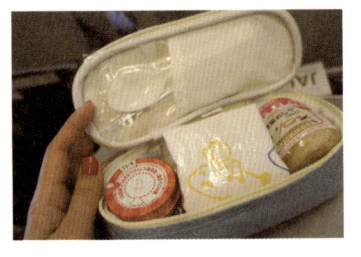

과 똑같이 겪는다고 한다. 아기들은 말을 하지도 못하고 어른처럼 의도적으로 침을 삼키지도 못하니 엄마가 모유 또는 분유 수유를 하거나 물을 조금 마시게 하는 것이 좋다.

분유를 탈 때 필요한 뜨거운 물이 든 보온병은 액체류지만 아기용품에 한해서는 기내 반입이 가능하다. 이륙 시에 갑자기 분유를 타려고 하면 비행기가 흔들려 화상의 위험도 있고, 물이 너무 뜨거우면 이륙 시 수유할 타이밍에 수유를 못할 수도 있다. 따라서 식히는 시간까지 고려해 여유를 두고 미리 준비해둔 다음 이륙과 동시에 혹은 착륙 도중에 조금씩 준다.

분유(모유)를 먹은 후, 비행기 기체가 흔들리면 속이 안 좋아서 살짝 토하는 경우도 있으니, 옷을 버려서 갈아입혀야 할 경우에 대비해 기저귀가방에는 여벌의 옷과 기저귀, 물티슈, 가제손수건도 준비해 가자. 그리고 힘들 때나 도움이 필요할 때는 승무원에게 지체 말고 도움요청을 할 것. 외국어가 불편하다면 승무원에게 편하게 도움을 요청하고 요구사항을 이야기하기 위해서라도 국적기를 이용하는 쪽이 무난하다.

소아과 의사선생님 **코멘트**

생후 2개월 후 정도면 여행이 가능합니다.
비행 시 압력 차이로 귀가 불편해 울 때는 수유해주시는 것이 좋습니다. 그리고 비행한 첫날은 최대한 편히 쉬도록 해주시고 충분한 수면을 취하도록 해주십시오. 예방접종과 비행은 크게 상관은 없습니다만 통상적으로 접종 뒤 미열이 발생할 가능성을 열어놓고 본다면 하루 정도 경과를 지켜본 후, 비행기를 타도록 하는 것이 좋겠습니다.

혼합 수유하는 아기의 여행 준비물

아기와 함께 첫 해외여행을 갔을 때가 혼합 수유 중이었다. 기본적으로는 모유를 먹고 분유는 거의 밤에 자기 전에만 먹고 있을 때였다. 유머로도 있지만 가장 휴대성이 좋은 것은 역시 모유가 최고이다. 모유 수유를 하는 아기의 경우에는 사실 수유 관련 준비물이 크게 필요 없다. 문제는 분유 수유하는 아기들인데, 그럴 경우 준비물이 급격하게 늘어난다.

- 모유 수유 관련 준비물: 모유패드
- 분유 수유 관련 준비물: 외출 시 간편한 플레이텍스 젖병과 플레이텍스 일회용 젖병케이스, 보온병, 외출용 1회용 스틱 분유, 젖병 & 젖꼭지 세척 브러시, 젖병 세정제(펌핑 가능한 작은 용기에 담아 가지고 간다)

일회용 플레이텍스 젖병은 다이퍼스, 아마존 등 해외 직구 사이트에서 조금 저렴하게 구입할 수 있다. 만약 직구가 어렵거나 여의치 않을 경우는 국내에서도 유피스 일회용 수유 젖병을 사용한다(피존 모유실감 젖꼭지랑 호환 가능).

2주간의 도쿄 여행

100일 된 하준이의 첫 여행은 도쿄에서 2주간 아빠와 함께한 여름휴가였다.

아기의 첫 해외여행, 여행지에 도착한 첫날은 무조건 휴식이다! 숙소에 도착해 손발과 얼굴을 따뜻한 물로 살짝 씻겼다. 각 나라 공항을 왔다 갔다 하고 전세계를 누빈 비행기를 탔으니 위생에는 조금 깔끔을 떨어도 된다.

생애 첫 비행과 집과 공항을 오가는 긴 이동시간으로 인해 아기도 피곤한 상태다. 100일 전후라면 아직은 낮잠을 많이 잘 시기이니, 편안하고 쾌적한 잠자리를 마련하여 낮잠을 먼저 재운다.

그리고 낮잠에서 일어나 낯선 곳에서 눈을 떴을 때는 무서워하지 않도록 케어를 해주자. 아이의 성향에 따라 낯선 곳을 즐기는 아이와 무서워하는 아이가 있는데, 엄마가 이미 아기의 성향을 캐치하고 있다면 그에 맞는 케어를 해주고, 아직 성향이 정확하게 나타나지 않았을 때라면 아기의 성향을 확인할 수 있는 기회이기도 하니 케어와 함께 아기 성향도 살짝 확인해둘 것!

마지막 날 역시 컨디션 조절을 위해 일찍 숙소로 돌아와 충분히 휴식을 취한 후, 다음 날 공항으로 출발하도록 하자.

아기와 함께하는 도쿄 추천 여행지 BEST 4

이번에는 만약 아기 엄마인 내 친구들이 도쿄에 여행 온다면 같이 가고 싶은 곳, 내가 데려가고 싶은 곳을 소개하고자 한다.

여행 중에 여러 곳을 구경하고 다니면 좋긴 하지만, 아기와 함께하는 여행에서 유모차로 지하철을 여러 번 타는 것은 꽤 피곤하고 힘든 일이다. 그래서 최대한 환승하는 이동을 줄이고 도보로 이동 가능한 지역 내에서 하루 일정을 보낼 수 있는 곳으로 뽑아보았다.

유모차를 가져간다면 역에 엘리베이터 설치는 잘 되어 있는지, 다니는 길이 험여 불편하지는 않은지, 아기와 같이 밥 먹으러 간 식당에 아기의자는 있는지, 키즈 메뉴는 있는지 등등을 미리 알고 방문하면 훨씬 여러모로 여유 있는 여행이 될 것이다.

아쿠아시티

주소 東京都港区台場1丁目7番1号

TEL 03-3599-4700

이용시간 상점 11:00~21:00 / 식당 11:00~23:00

교통편 지하철 다이바 역, 도쿄텔레포트 역에서 도보 6분

홈페이지 www.aquacity.jp

한 번 가면 하루 종일 있어도 시간이 모자라는 곳이다. 여러 쇼핑센터와 바다, 해상공원, 맛집이 있어 좋은 곳. 도쿄를 대표하는 관광지답게 전체적으로 깨끗하고 잘 관리된 모습도 기분 좋다. 유모차로 이동하는 루트도 잘되어 있어 디럭스 유모차로의 이동도 문제없다. 날씨가 좋다면 해상공원에서 피크닉을 하며 잠시 현지인 모드를 즐겨도 좋을 듯하다.

디럭스 유모차를 이용하여 유리카모메 다이바 역에서 하차했다. 역에서 쭉 걸어 나오면 큰길과 아쿠아시티 3층이 바로 연결된다. 아쿠아시티는 엄마, 아빠를 위한 쇼핑에서부터 아이들 용품 쇼핑, 맛집까지 다 모여 있어 여기에서만 있어도 시간 가는 줄 모른다.

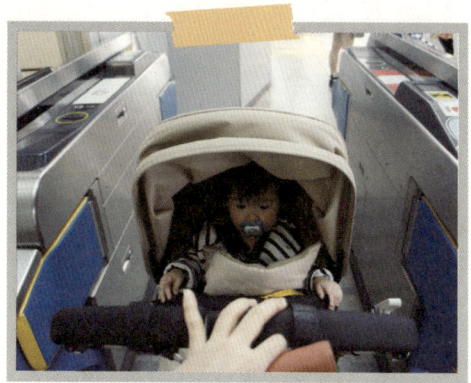

디럭스 유모차를 이용하여 유리카모메 다이바 역에서 하차

아이들 용품 쇼핑을 위한 곳

↑ 3F 디즈니스토어

↑ 3F ABC 마트

↑ 3F 갭 키즈

↓ 1F 토이자러스/베이비자러스
쇼핑몰 내에 100엔숍과 리락쿠마 스토어 등 관광객들에게 인기 많은 매장도 있다. 토이자러스, 베이비자러스에서는 장난감 외에도 각종 출산용품과 아기용품, 외출 시 편리한 아기의 이유식이나 간식도 구입할 수 있다.(좌) 오다이바 모래사장에서 바로 사용 가능한 모래놀이 세트도 판매 중이다.(우)

아쿠아시티 건물 자체가 생긴 지 꽤 되어 새 건물처럼 세련되고 깨끗한 느낌
은 아니지만 1층 토이자러스 매장 옆에 위치한 유아휴게실은 청결하게 유지되
고 있는 편이다. 단, 수유실이 다인실이라는 점이 조금 아쉽다.

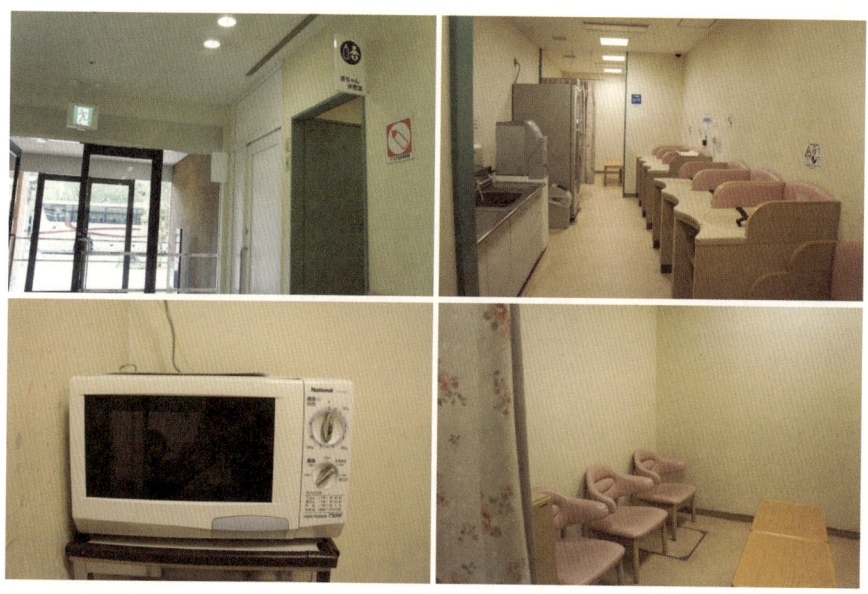

아쿠아시티의 유아휴게실

오다이바 해상공원

연중 무휴

교통편 지하철 오다이바카이힌코우엔 역에서 도보 3분

아쿠아시티 1층에 있는 애견숍을 지나 로손 편의점을 끼고 3~5분 정도 직진한 뒤 횡단보도를 건너면 주차장 길이 나오는데 이를 따라 쭉 내려가면 오른쪽이 해상공원이다. 비록 인공 해안과 모래사장이지만 피크닉 장소로 그만이다.

아직 걷지 못하는 어린 아기들은 피크닉 매트 위나 유모차 위에 앉아서 놀고 걸음마를 하는 아이들은 나무 테라스가 있어서 걸음마 연습을 하기에도 좋다. 물론 좀 더 큰 아이들은 모래놀이 세트를 가져와 모래놀이를 하고, 엄마 · 아빠는 옆에서 맥주 한잔씩 마셔도 좋은 곳이다.

마음에 드는 곳을 찾아 매트를 깔고 피크닉 준비를 해 보자.

★☆ 기타 가볼 만한 곳

다이바시티

주소 東京都江東区青海 1-1-10

TEL 03-6380-7800

이용시간 상점 10:00~21:00 / 식당 11:00~23:00

교통편 유리카모메 오다이바카이힌코엔 역에서 도보 9분

홈페이지 www.divercity-tokyo.com

☞ 지난해 새로 오픈해 화제를 모으고 있다. 건담이 있는 곳으로 유명하다.

덱스 도쿄 비치

주소 東京都港区台場 1-6-1

TEL 03-5500-5050

이용시간 상점 10:00~21:00 / 식당 11:00~23:00

교통편 오다이바카이힌코엔 역에서 도보 2분

홈페이지 www.odaiba-decks.com

☞ 뒷길에 유모차로 쉽게 갈 수 있는 스카이 워크가 있다. 디럭스급 유모차도 문제없이 이동 가능하니 가져가도 무방하다.

비너스 포트

주소 東京都江東区青海1

TEL 03-3599-0700

이용시간 상점 11:00~21:00 / 식당 11:00~23:00

교통편 유리카모메 아오미 역 앞

홈페이지 www.venusfort.co.jp

☞ 쇼핑몰과 도요타 전시장이 함께 있다.

★☆ 추천 맛집

빌스(Bills)

주소 東京都港区台場1-6-1 デックス東京ビーチ シーサイドモール3F

TEL 03-3599-2100

교통편 오다이바카이힌코엔 역에서 245m

홈페이지 bills-jp.net

예산 1인당 약 2,000엔

키즈 메뉴, 키즈 체어 있음

날씨가 너무 덥거나 춥다면 역시 실내에서 해결하는 게 낫다. 그럴 경우는 아쿠아시티 바로 옆에 있는 덱스도쿄비치에 위치한 빌스로 가자. 타임지에서 선정한 세상에서 가장 맛있는 조식이라는 호평을 받고 있는 팬케이크 전문점이다. 인테리어도 오다이바의 리조트 분위기와 잘 어울린다. 여기서 팬케이크를 맛보면 지금까지 경험하지 못했던 팬케이크의 신세계를 느끼게 될 것이다. 카페라테도 웬만한 커피전문점보다 맛있다. 와규버거는 그날그날 비프의 상태에 따라 맛의 차이가 조금 있는 듯하다.

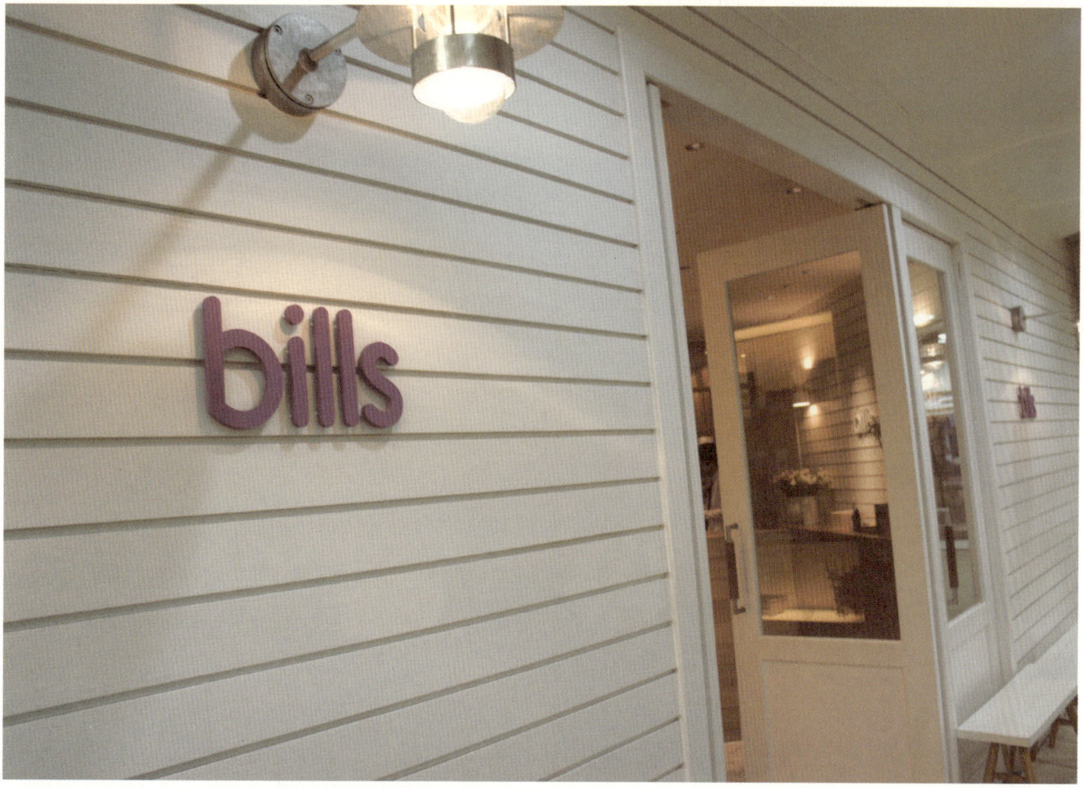
bills

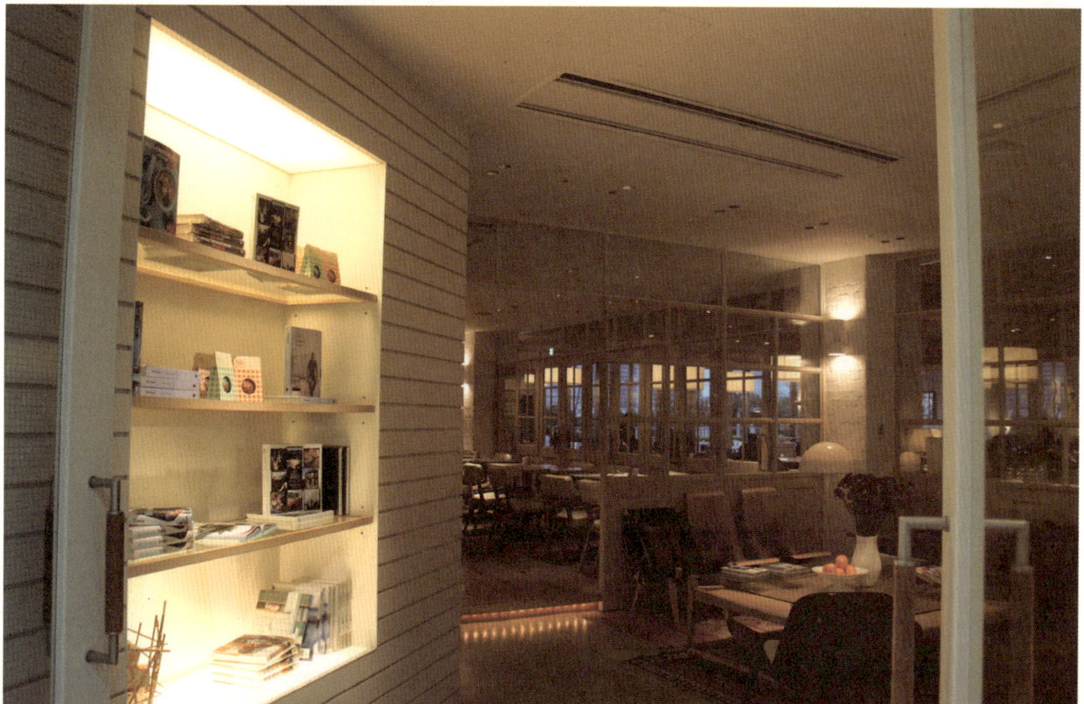

쿠아 아이나(KUA AINA)

주소 東京都港区台場1-7-1 アクアシティお台場4F

TEL 03-3599-2800

교통편 다이바 역에서 도보 1분, 도쿄텔레포트 역에서 도보 5분

예산 1인당 약 1,500엔

키즈 체어 있음

아쿠아시티 2층에 있는 하와이안 햄버거 쿠아 아이나를 테이크아웃해서 바닷가 앞 해상공원에서 먹어도 좋다. 피크닉 매트, 물티슈 등 간단한 피크닉 소품들은 토이자러스에서 판매하고 있다. 또한 시즌에 따라 100엔숍에서도 판매하니 참고하면 좋을 듯하다.

♥ ♡ 다이칸야마

쇼핑몰 안에만 갇혀 있기 아까울 정도로 날씨가 좋은 날에는 다이칸야마로 가는 것이 정답! 다이칸야마 역에도 엘리베이터가 완비되어 있기 때문에 디럭스급 유모차를 가져가도 무방하다. 다만 좁은 골목길 등이 있을 수 있으므로 유모차 운전에는 조금 신경 써야 한다.

보기만 해도 기분 좋아지는 예쁜 상점들을 지나다니며 구경만 해도 좋다.

얼마 전 새로 오픈한 쓰타야 서점과 카페

도심 한가운데이지만 리조트로 놀러 간 듯한 기분이 드는 곳이다. 다이칸야마는 현지의 아기 엄마들도 유모차를 밀고 많이 방문하는 곳이라 웬만한 곳은 큰 부담 없이 둘러볼 수 있다.

‡ IVY PLACE 카페에서 여유롭게 차를 한 잔 마셔도 좋다.

‡ 독일 친환경 원목 장난감 매장 보네룬도.
　가격이 저렴한 편은 아니지만, 아기의 첫 번째 블록으로 적합하다.

라폰테 다이칸야마(La Fuente 代官山)

주소 東京都渋谷区猿楽町11番1号

TEL 03-3462-8401

이용시간 상점 11:00~20:00 / 식당 11:30~04:00

교통편 다이칸야마역 도보 3분

홈페이지 www.lafuente-daikanyama.com

　1층은 쓰모리 치사토, 캐스키드슨 등과 아기들 장난감 가게, 소규모 놀이공간이 있다. 놀이공간은 넓지 않지만, 모두 친환경 제품으로 다양한 장난감과 그림책이 준비되어 있어 다양한 경험을 하기에 좋다. 비치된 장난감은 매장에서 구입도 가능하다.

남아 상하의 미니로디니,
여아 원피스 미니로디니 제품(www.mylittlecloset.co.kr)

↕ 2층은 유아용품 및 아동복 매장이다.

↕ 라폰테의 유아휴게실은 넓지는 않지만, 콤팩트하고 전체적으로 깔끔한 느낌이다.

차노마

주소 東京都渋谷区恵比寿西1-34-17Za HOUSEビル2F
TEL 03-5428-4443
교통편 다이칸야마 역에서 도보 1분, 에비스 역에서 도보 8분, 나카메구로 역에서 도보 4분
예산 런치 약 1,500엔

아직 기어 다니지 못하는 아기와 함께라면 차노마 카페를 추천한다. 길게 이어진 넓은 소파 자리에서 아기들과 함께 점심식사를 하기에 좋다. 소파가 넓다 보니 아기들이 놀다가 잠들면 그대로 눕혀 재울 수 있다. 그래서인지 손님들 대부분이 100일 전후 아기들의 엄마. 모든 메뉴에 오가닉 재료를 사용하며 점심에는 빵과 음료가 무한리필이라는 점도 매력적이다.

사사 버거(ササ, GRILL BURGER CLUB SASA)

주소 東京都渋谷区恵比寿西2-21-15
TEL 03-3770-1951
교통편 다이칸야마 역 동쪽 출입구에서 도보 1분, 에비스 역에서 도보 10분
홈페이지 www.hijiriya.co.jp
예산 1,000~1,500엔

그릴에 구운 두툼하고 촉촉한 햄버거 패티가 맛있는 곳이다. 수제 햄버거에는 아보카도 토핑 필수! 역 바로 근처에 자리하고 있어 숙소로 가는 길에 잠시 들러 식사를 하기에도 좋다. 날씨가 춥지 않고 유모차가 있다면 테라스 석을 추천한다.

미드타운

주소 東京都港区赤坂9-7

TEL 03-3475-3100

이용시간 상점 11:00~21:00 / 식당 11:00~24:00

교통편 롯폰기 역 7번 출구와 연결

홈페이지 www.tokyo-midtown.com

미드타운의 파란 잔디는 보기만 해도 기분을 좋게 해준다. 록폰기 역에 하차하면 디럭스 유모차로 미드타운까지 엘리베이터로 이동이 가능하다. 미드타운 1층에서 바로 연결되는 공원에는 잔디에 누워 일광욕을 즐기는 연인들이나 유모차 부대를 볼 수 있다.

미드타운 내 유아휴게실도 잘되어 있는 편이다. 기저귀 교환대나 세면대, 개인수유실 외에도 작은 놀이공간이 있어 아기 테이블과 의자, 그림책과 약간의 장난감이 마련되어 있다.

미드타운 내에는 무지루시, 딘앤델루카 등 쇼핑공간과 음식점도 다양해서 날씨가 여의치 않을 경우에는 실내에서 쇼핑을 즐기는 것도 좋다. 미드타운을 구경한 후에는 도보로 10분 거리의 록폰기힐스로 이동해 관광, 쇼핑을 하면 하루가 부족할 정도다.

단, 날씨와 이벤트 여부에 따라 잔디밭을 일반에 공개하지 않는 날도 있다.

라라포트

주소 東京都江東区豊洲2-4-9

TEL 03-6910-1234

이용시간 상점 10:00~21:00 / 식당 11:00~23:00

교통편 도요스 역에서 도보 5분

홈페이지 toyosu.lalaport.jp

도요스 역은 디럭스 유모차로 이동하기에 불편이 없으며 지상까지 엘리베이터도 완비되어 있다. 지하철로 이동하면 교통이 괜찮은 편이나 살짝 외곽에 위치한 탓에 관광객은 별로 없고 현지인 주부들이 많이 방문하는 쇼핑몰이다.

나 역시 이제 복잡한 신주쿠나 하라주쿠, 시부야에 유모차 밀고 가는 게 불편하고, 부담스러워 라라포트를 가장 많이 찾는다. 입점된 브랜드들도 대체로 30대 정도의 주부나 워킹맘에게 인기 많은 브랜드, 인테리어 소품, 그리고 아기용품이 주를 이룬다. 무지루시 · 프랑프랑 · 유니클로 등 한국인에게 인기 많은 브랜드도 입점되어 있다.

유아휴게실(기저귀 교환 & 수유실)도 층마다 있으며, 시설도 비교적 깨끗하다. 2층에는 기어 다니는 아기들을 위한 매트도 준비되어 있다.

바다가 보이는 공원과 쇼핑몰이 하나로 이어져 있어 날씨가 좋으면 공원에서 피크닉을 즐기기에도 좋다. 라라포트 옆 동 1층 아오키 슈퍼마켓에서 도시락 및 아기 과자, 이유식 등 간단히 장을 본 뒤 라라포트 쇼핑몰 안으로 들어가 보자. 쇼핑몰 안으로 들어가 테라스로 통하는 문을 열고 나오면 바다가 펼쳐진 공원이 보인다. 우리가 고른 피크닉 장소는 1층 마리아나 푸드코트와 마주 보는 편의 공원이다.

피크닉 소품과 스타일링 by Lee Sujin

아기와 함께하는 여행 2
생후 200일
2박 3일 규슈 여행

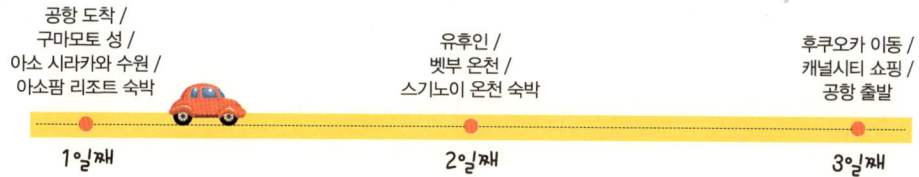

공항 도착 /	유후인 /	후쿠오카 이동 /
구마모토 성 /	벳부 온천 /	캐널시티 쇼핑 /
아소 시라카와 수원 /	스기노이 온천 숙박	공항 출발
아소팜 리조트 숙박		

1일째   2일째   3일째

아기와 함께하는 패키지여행 준비

아기와 패키지여행을?

갑작스럽게 가게 된 2박 3일 규슈 가족여행.

사실 아기가 가기에는 조금 힘들 수 있는 패키지여행이었지만 가족들이 다 가는 여행인 데다가 한–일 구간은 시간적으로도 그리 부담이 없어 나와 하준이도 같이 동참을 했다.

일반 성인들을 대상으로 만들어진 패키지여행이라 사실 아기와의 여행 시에는 추천하기 힘든 일정도 있다. 이번 여행은 아기와의 여행에 포커스를 맞춘 것보다는 가족과 함께하는 여행이 목적이므로 일정은 대략 참고만 하는 것이 좋겠다.

항공편 예약하기

패키지여행의 경우 2세 미만은 85~90%, 12세 미만은 20~30% 할인이 적용된다. 그러나 자유여행의 경우는 항공편부터 숙소, 기타 시설 이용료 등에 따라 각각 할인율이 다르니 미리 확인하도록 하자.

> 유아동 항공요금 책정 기준
> - 0~2세 미만: 정상가의 10%+항공TAX(공항세+유류할증료) / 단, 좌석 사용 불가
> - 2세 이상~12세 미만: 정상가의 75%+항공TAX(공항세+유류할증료)

여행 준비물 챙기기

- 필수품: 엄마·아빠 여권과 아기 여권(여권의 유효기간이 6개월 이상 남아 있어야 함)
- 호텔 바우처, 엔화 환전, 여행자보험
- 아기 옷: 여벌 옷과 가제수건, 겉옷, 양말, 모자 등
- 아기용품: 유모차, 아기띠, 기저귀, 물티슈, 베이비 로션·샴푸, 비상약(감기약·설사약·해열제·열시트), 체온계, 장난감(놀이용·달래기용)
- 기타: 엄마·아빠 의류, 카메라(충전기), 접히는 이민용 가방(쇼핑이 목록이 많을 경우 필요)

분유 먹는 아기 여행 준비물

200일 때는 모유 수유를 끊고 분유만 먹고 있을 시기라 분유 관련 준비물들이 많다.

외출 시 간편한 플레이텍스 젖병과 플레이텍스 일회용 젖병 케이스, 보온병, 일회용 스틱 분유, 젖꼭지 세척 브러시, 젖병 세정제(펌핑 가능한 작은 용기) 등을

준비한다. 만약 일회용 젖병이 준비되지 않았다면 젖병 2~3개, 젖병 세정제, 젖병 브러시, 젖꼭지 세척 브러시를 챙기자.

규슈 온천 여행

첫째 날,

후쿠오카 공항에서 내려 점심식사를 했다. 어른들이 식사를 주문하고 기다리는 동안 아기에게 간단한 과일 퓨레의 이유식을 먹였다.

식사를 마친 후 버스를 타고 구마모토로 이동했다. 구마모토 성을 관광하는 일정이었는데 아기에게도 구마모토 성을 보여주고 싶어 아기띠를 메고 끝까지 따라다녔다. 폭 안겨 자다가 일어나자마자 따끈한 분유 한 통을 원샷! 패키지여행자들 중 최연소 여행자라고 다들 신기해하셨다.

구마모토 성(熊本城)

주소 熊本県熊本市本丸1-1

이용시간 4~10월 08:30~18:00, 11~3월 08:30~17:00

교통편 구마모토 역에서 노면전차로 10분

입장료 성인 500엔

홈페이지 www.manyou-kumamoto.jp/castle

다음으로는 아소로 이동해 시라카와 수원을 관광하고, 아소팜 리조트에 체크인을 했다.

시라카와 수원(白川水源)

주소 熊本県阿蘇郡南阿蘇大字白川2040

TEL 096-762-0318

이용시간 08:00~18:00

입장료 고등학생 이상 100엔, 중학생 이하 무료

주소 熊本県阿蘇郡南阿蘇村河陽5579

TEL 096-767-2323

체크인 16:00~ / **체크아웃** 10:00

교통편 아카미즈 역에서 택시로 7분

홈페이지 http://www.asofarmland.co.jp

리조트에서 잠시 쉬고, 리조트에 있는 온천장으로 향했다. 아기의 첫 온천! 물이 다행히 많이 뜨겁지 않아 하준이도 같이 들어가 5분 정도 온천을 즐기고 샤워기로 헹궈냈다. 행여 감기라도 들까 봐 수건에 돌돌 싸서 데리고 와 로션을 발라주고 옷을 갈아입혔다. 처음으로 하는 탕목욕이라 잘할 수 있을까 걱정도 되었지만, 다행히 도와주는 가족들도 있고 해서 무사히 첫 온천을 잘 마쳤다.

★☆ 아기의 첫 온천 체험

일본에서도 일반적으로는 100일 이후부터는 아기도 온천을 할 수 있다고 한다. 일본에서의 온천 개념은 한국처럼 그냥 일주일에 한 번 목욕하러 가는 장소가 아니고, 모처럼의 휴일을 맞이해 적지 않은 비용을 지불하고 리프레시하기 위해 오는 장소이다. 혹시라도 아기가 탕 안에서 실수할 경우 서로 불쾌해질 수 있으니 만일에 대비해 꼭 방수기저귀를 채우도록 한다.

또한 온천에 너무 오래 몸을 담그지 않도록 해야 하며, 돌 전 신생아의 경우 5분 정도가 적당하다. 너무 고온의 탕에는 데리고 가지 말고, 작은 욕조나 세숫대야에 물을 받아서 물놀이를 할 수 있도록 한다. 바닥에 앉힐 때는 작은 수건을

가지고 가서 밑에 깔고 앉히면 좋다. 온천을 즐긴 다음에는 일반수(샤워기) 등으로 몸을 헹군 후, 따뜻한 곳에서 미리 몸을 닦이고 탈의실로 데려 가면 된다. 옷을 입힌 뒤에는 아기도 온천목욕 으로 인해 수분 손실이 있으므로 물, 분유나 모 유, 이온음료 등으로 수분 보충을 바로 해주어 야 한다.

일본의 온천은 서로 간의 매너나 룰도 엄격 한 편이다. 혹시라도 아기용 튜브나 물놀이 도구를 가져가는 등의 행동은 자제해야 한다.

 소아과 의사선생님 **코멘트**

아기가 온천을 할 수 있는 시기는 2~3개월 정도부터입니다. 다만 온천물이 아기에게 너 무 뜨거울 수 있으니, 온도에 유의하고 장시간의 온천욕은 좋지 않으며 3~4분 정도가 적당합니다. 또한 목욕탕 내의 바닥이 미끄러우니 아기를 안고 이동할 때는 조심하는 것 이 좋습니다.

둘째 날,

아소팜 리조트에서 체크아웃을 하고 유후인으로 갔다. 이번 여행 중 가장 아기와의 여행에 어울릴 코스였던 유후인. 비가 내려 조금 아쉽긴 했지만 작고 예쁜 가게들 구경하는 재미가 쏠쏠했다. 날씨 좋은 날 유모차 밀면서 다니면 정말 좋을 듯하다.

같이 구경을 다니다가 다른 가족들은 그대로 구경을 하고 나는 아기 분유 먹일 시간이라 근처 카페로 들어왔다. 아기가 분유 먹고 한숨 잘 동안 나는 아이스 카페라테에 케이크 한 조각!

유후인에 이어 찾은 곳은 벳부! 역시 어른들 모시고 가는 관광이라 빠질 수 없는 지옥 온천 순례 코스다. 스기노이 온천에 체크인해서 휴식을 취하고 오늘도 아기와 함께 온천을 즐겼다. 어제 한 번 해봐서 그런지 오늘은 조금 더 여유가 생겼다.

셋째 날,

후쿠오카로 돌아와 출국 전 캐널시티에 들러 쇼핑을 했다. 하카타 역에서 도보로 15분, 버스로 5분 거리에 있는 캐널시티는 쇼핑뿐만 아니라 다양한 볼거리를 제공한다.

★☆ 캐널시티 추천 매장

자 라

일본과 한국에 들어오는 제품들이 각각 약간 다른 것 같다. 세일기간에는 최고 80% 할인된 가격으로 구입할 수 있다. 최근에는 일본 전국 8개점에서만 판매되는 자라 베이비라인이 들어왔으며 특히 공주님용의 예쁜 아이템이 많다. 쨍쨍한 타이즈도 추천 상품.

프랑프랑

일본 인테리어 전문 숍. 심플하고 깔끔한 콘셉트의 인테리어 소품을 구입할 수 있다. 한 번씩 이벤트 상품이 저렴한 가격으로 판매된다.

유니클로

한국에도 물론 있지만 유명 브랜드랑 콜라보레이션한 일본 내 한정판매 제품도 많으며 가격도 경쟁력이 있다. 아기들을 위한 타월 소재의 플레이수트와, 매시 소재의 여름 내의는 우리 아기에게도 매일매일 입히고 있는 머스트 해브 아이템이다.

그 밖에도 베이비갭, 디즈니스토어도 구경해 보자. 아기자기하고, 귀여운 제품들이 많다.

규슈 패키지
여행에서의 실수

하나, 부랴부랴 준비한 액상 분유

아기와 함께하는 여행에서는 분유 짐이 부담스러운 게 사실이다. 여행 내내 기저귀가방 안에 무거운 젖병 4종 세트(뜨거운 물이 들어 있는 보온병, 온도 맞추기용 생수, 젖병, 분유)를 들고 다니는 것도 힘들지만, 여행까지 와서 사용했던 젖병을 밤에 씻기도 귀찮고, 일회용 젖병도 있긴 하지만 갑작스러운 여행이라 준비가 되어 있지 않았다.

집 근처 마트에 갔더니 이런 내 마음을 읽기라도 한 듯 국내 생산의 액상 분유가 나와 있다. 데울 필요도 없고 병에 전용 젖꼭지만 꽂아서 바로 먹일 수 있다는 획기적인 상품! '바로 이거야!' 하면서 구입하고 여행 이틀 전에 먹여 보니 한 번 먹고 먹기 싫다고 계속 혀를 밀어낸다. 맛이 달라서 그런가 하고 좀 더 먹여 보았는데 하준이가 그만 배탈이 나고 말았다. 엄마의 무리한 욕심이 화를 부른 셈이다.

여행 하루 전 부랴부랴 급하게 병원에 가서 약을 처방받아 왔지만, 하준이는 여행 내내 설사기가 가시질 않았다. 다행히 가벼운 설사에 컨디션이 나쁘지 않아 잘 웃고 잘 놀긴 했지만 내내 마음이 쓰이고 안쓰러웠다.

해당 분유가 문제가 있었다고 생각하지는 않는다. 구입 전 후기도 충분히 찾아봤는데 잘 먹는다는 아기들도 많았다. 다만 아기들마다 맞는 분유, 안 맞는 분유들이 있을 거라 생각한다. 나처럼 여행 가기 전 급하게 먹여 여행지에서 마음 졸이지 말고 새로운 분유나 음식의 테스트는 여행 열흘 전이나 일주일 전부터 충분히 시간을 두고 시행한 후에, 가져가는 것이 좋겠다.

둘, 버스로 이동하는 패키지여행에 디럭스 유모차

무거운 디럭스 유모차를 가지고 가서 단 한 번도 사용하지 않고 그대로 가지고 왔다. 패키지여행이다 보니 버스로 이동하고 관광지에 내려서는 도보로 이동하게 되는데 산길도 많고, 성을 올라가거나 하는 일이 많아 무거운 디럭스 유모차를 버스 짐칸에서 꺼냈다 넣었다가, 또 아기를 태웠다가 내렸다가 하기가 여의치가 않아 도보 이동 시에는 거의 아기띠로 다녔다. 휴대용 가벼운 유모차를 가져갔다면 조금은 더 활용했을지도 모른다. 아기 몸무게가 10kg 미만이라면 아기띠로만 다녀도 괜찮을 것 같다.

아기와 함께하는 여행 3
생후 300일

7박 9일 방콕 여행

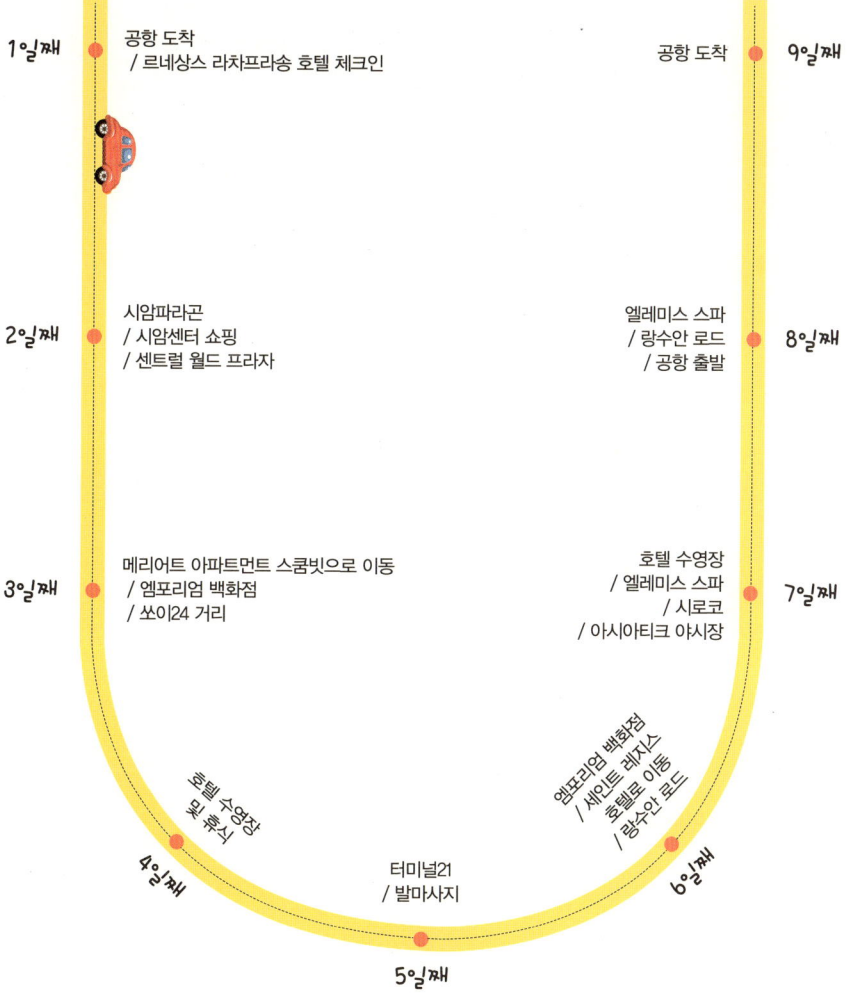

1일째
공항 도착
/ 르네상스 라차프라송 호텔 체크인

2일째
시암파라곤
/ 시암센터 쇼핑
/ 센트럴 월드 프라자

3일째
메리어트 아파트먼트 스쿰빗으로 이동
/ 엠포리엄 백화점
/ 쏘이24 거리

4일째
호텔 수영장
및 휴식

5일째
터미널21
/ 발마사지

6일째
엠포리엄 백화점
/ 세인트 레지스
호텔로 이동
/ 랑수안 로드

7일째
호텔 수영장
/ 엘레미스 스파
/ 시로코
/ 아시아티크 야시장

8일째
엘레미스 스파
/ 랑수안 로드
/ 공항 출발

9일째
공항 도착

아기와 함께하는 방콕 여행 준비

이번 여행은 아기와 함께하는 여행이고 여행기간이 7박 9일로 비교적 길다 보니, 타이트한 일정이 거의 없다. 하루는 호텔에서 쉬고 하루는 외출하는 정도의 빈도로 여행을 했고, 각 일정을 참고할 수 있도록 하와이 태교여행과 동일하게 소요시간을 넣어 시뮬레이션하기 쉽도록 했다. 본인의 일정에 따라, 숙소에 따라, 필요한 일정만 취하면 될 것이다. 왕궁이나 짜뚜짝 주말 시장 등 아기를 데리고 가기에 너무 붐비는 관광지는 모두 배제했다. 관광보다는 휴양에 포커스를 맞춘 여행으로 봐주면 되겠다.

이 일정이 방콕 여행의 최고의 일정이라고 할 수는 없지만 돌 전후 아기를 데리고 유모차 & 아기띠 콤보로 방콕을 여행해야 하는 사람이면 꽤 도움이 될 수 있을 거라 생각한다.

여행 준비물 챙기기
- 필수품: 엄마·아빠 여권과 아기 여권(여권의 유효기간이 6개월 이상 남아 있어야 함)
- 호텔 바우처, 엔화 환전, 여행자보험
- 아기 옷: 여벌 옷과 가제수건, 겉옷, 양말, 모자 등
- 아기용품: 유모차, 아기띠, 기저귀, 물티슈, 베이비 로션·샴푸, 비상약(감기약·설사약·해열제·열시트), 체온계, 장난감(놀이용·달래기용)
- 수유용품: 모유패드, 플레이텍스 젖병, 보온병, 스틱 분유, 젖병·젖꼭지 세척 브러시, 젖병 세정제
- 더운 나라로 여행 갈 경우 추가 준비물
  - 수영복, 아기 튜브 등 물놀이용품

- 베이비 이온음료(땀으로 몸의 수분을 뺏겨 탈수가 일어날 수 있음)

- 모기 등 벌레 퇴치 스프레이 혹은 밤(아이허브에서 오가닉 제품으로 구입 가능)

- 모기 등 벌레에 물렸을 때 바르는 연고

- 쿨 패치(너무 더워 할 때 이마에 붙일 수도 있고 임시 해열 패치 기능을 함)

- 유모차용 쿨시트(더위를 많이 타는 아기의 경우 필요)

• 기타: 엄마·아빠 의류, 카메라(충전기), 접히는 이민용 가방(쇼핑이 목록이 많을 경우 필요)

★☆ 유모차 사용 tip

방콕의 호텔 내에서는 불편함 없이 유모차를 사용할 수 있지만 호텔이나 쇼핑몰이 아닌 길거리에서 아기를 유모차에 태우고 다니는 것은 그다지 추천하고 싶지 않다. 정비되지 않은 인도에 너무나 많은 턱과 경사가 있어 유모차에 아기를 태워 다니는 것이 거의 불가능할 정도다. 접고 펴기 간편하고 가벼운 휴대용 유

모차를 준비해 유모차를 태우기 힘든 길은 아기 띠를 하고 유모차는 기저귀 가방 등 짐을 싣는 용도로 밀고 다니다가 식당이나 쇼핑몰 등에서는 다시 아기를 태우는 정도로 활용하면 될 듯하다.

아기 위주로 호텔 선택하기

태국만큼 호텔 고민이 행복한 휴양지가 또 있을까. 나를 포함 세계의 많은 트렁크 여행자들이 휴가철마다 태국을 찾게 되는 가장 큰 이유 중 하나는 호텔의 코스트 퍼포먼스 때문일 것이다. 한국에서는 수십만 원을 호가하는 특급호텔이 방콕에서는 시기에 따라서 10만 원도 안 할 때가 있다. 그것도 비슷한 가격대의 너무나 많은 고급 호텔 체인과 부티크 호텔이 있기 때문에 이 중에서도 한참을 고민해야 한다.

내 여행에는 철칙이 있는데, 관광에 치중하는 여행이라면 숙소에 너무 투자하지 않는 대신 관광이나 문화생활 혹은 쇼핑에 좀 더 소비를 하고, 휴양을 위한 여행이라면 숙소는 무조건 좋은 곳으로 잡아야 한다는 것이다. 대학 때까지만해도 호텔은 생각지도 않고 여행이라면 마냥 좋았는데 아무래도 직장생활을 오래 하다 보니 '여행=힐링'이라는 개념이 커지면서 결국 숙소의 만족도가 여행의 만족도를 좌우할 정도로 비중이 커졌다.

이번에는 단지 '가격 대비 좋은 호텔'이라는 기본 조건 외에도 아기와 함께하는 여행이라는 콘셉트에 맞추어 몇 가지 조건이 더 늘어났다. 그래서 호텔 선택하는 데만도 꽤 오랜 시간이 걸렸다. 아기가 있으니 신경 쓸 것도 많고 호텔 선택도 엄청 까다로워진다.

첫째, 교통이 좋아야 할 것

방콕의 교통체증은 웬만한 사람은 다 알 것이다. 러시아워 땐 1시간 동안 택시 안에서 꼼짝도 못하는 경우가 빈번하다. 한창 몸을 마구마구 움직일 시기의 아기와 택시에서의 1시간은 너무 끔찍하다. 그렇다고 짐 들고, 유모차 들고, 아기 띠 한 채로 BTS(방콕의 지상철)를 타기도 여의치 않고. 실제로 BTS는 엘리베이터를 사용할 수 있는 곳이 잘 없어서 유모차를 갖고 BTS를 타기에는 무리가 있었다. 그래서 호텔은 아무리 시설이 좋고 가격이 괜찮다고 하더라도 호텔 근처에 관광지가 아무것도 없거나 외곽에 있는 곳은 다 패스하고 호텔에서 도보로 걸어다닐 수 있는 반경에 갈 곳이 많은 곳을 택했다. 그리고 혹시라도 아기나 엄마가 피곤하면 밖에서 놀다가도 바로 걸어서 호텔로 들어가 쉴 수 있는 점도 메리트.

둘째, 바닥은 무조건 마룻바닥!

8~9개월 아기들은 가만히 누워 있는 것도 아니요, 그렇다고 제대로 걷는 것도 아닌 애매한 시기다. 누워도 있고, 기어도 다니고 뭘 잡고 한 번씩 서기도 한다. 침대에 내내 올려놓을 수도 없고, 그렇다고 엄마가 계속 안고 있기는 더더욱 무리. 그래서 바닥에 아기들이 놀거나 기어 다닐 수 있는 여유 공간이 있는 것이 좋다. 바닥이 카펫인 곳은 먼지도 많고 위생상 안 좋을 것 같고, 새로 생긴 호텔들에 많은 대리석 바닥은 깨끗하고 럭셔리해서 좋긴 하지만 혹시라도 아기들이 뒤로 넘어져 머리라도 다칠까 걱정되어 또 패스했다. 그래서 객실 사진을 하나하나 확인하며 바닥은 오로지 플로팅 마룻바닥으로 아기들이 바닥에서 놀 수 있는 어느 정도 넓이가 되는 곳으로 골랐다.

셋째, 가능한 한 최근에 지은 깨끗한 호텔에 적당한 가격

낡고 오래된 호텔은 아무리 좋아도 위생상 신경이 쓰인다. 워낙 좋은 가격에 멋진 호텔들이 많은 방콕이라 1박에 10만~20만 원 정도면 별 다섯 개 이상의 호텔을 쉽게 찾을 수 있다. 그리고 취사시설과 세탁시설이 있는 레지던스 형과 호텔을 중간에 적절히 섞는 것도 하나의 조건.

그렇게 까다롭고 신중하게 선택한 곳이 르네상스 라차프라송과 메리어트 아파트먼트, 세인트 레지스 방콕 세 곳이었다.

르네상스 라차프라송

메리어트 계열로, 오픈한 지 얼마 되지 않아 깔끔한 외관과 실내를 자랑한다. 게다가 유명한 호텔 리뷰 사이트인 '트립 어드바이저'(www.tripadvisor.co.kr)에서 태국 호텔 랭킹 10위를 차지하고 있어 더더욱 신뢰가 가는 곳.

라차프라송의 가장 큰 장점은 최고의 위치다. 걸어서 스카이워크로 칠롬, 시암까지 갈 수 있다. 도착한 다음 날 바로 시암 파라곤에서 아기들 물이랑 기저귀 등을 살 수 있도록 이쪽 숙소를 선택했다. 시암 쪽 쇼핑몰을 왔다 갔다 하기엔 최적의 위치다. 또한 룸 내부가 전체적으로 마룻바닥이라 아기들이 기어 다니면서 놀기에도 적합하다. 하지만 키즈 풀장이 없고 실내 수영장 온도가 낮아 수영장을 이용하지 못 했던 점이 좀 아쉬웠다.

메리어트 골드 티어를 가지고 있을 경우, 클럽 라운지 이용 혜택도 큰 메리트. 다만 알코올을 무한대로 마실 수 있는 칵테일 라운지 시간에 아이들은 입장 금지라 우린 조식과 애프터눈 티만 이용했다. ☞ 호텔 사진과 정보는 232~235쪽 참조

메리어트 아파트먼트

한국에서 가족 단위 여행객들에게 가장 큰 사랑을 받고 있는 레지던스 형 호텔이다. 레지던스 타입이라 친구 집에 놀러 온 것 같은 친근한 분위기의 로비가 마음을 편안하게 해 준다. 이유식 먹는 아기를 둔 엄마에겐 너무나도 고마운 4인용의 완벽한 취사시설과 대형 냉장고, 여행 중반에 쌓인 옷들을 세탁할 수 있는 세탁기와 건조기까지 완비돼 있다. 호텔보다 넓은 객실도 장점. 베드룸과 거실이

따로 분리되어 있어 방에 아기들을 재우고 어른들끼리 거실에 나와 맥주 한잔씩 하기에도 좋다. 게다가 트렁크족에게 가장 사랑받는 거리, 쏘이24에 위치하고 있어 엠포리엄 백화점 외에도 유명 맛집, 마사지숍 등이 즐비하여 걸어 다니며 구경하기에도 편리하다. ☞ 호텔 사진과 정보는 251~255쪽 참조

세인트 레지스 방콕

셋째는 이번 여행 중 가장 기대했던 숙소, 세인트 레지스 방콕이다. 앞의 두 숙소가 합리적인 가격의 실속형인 숙소였던 데 비해 세인트 레지스는 럭셔리한 6성급의 고품격 숙소. 초반에 설정한 예산을 조금 넘는 가격이긴 했지만 가보고 싶었던 곳이라 예산과는 살짝 타협해서 예약했다.

이곳의 가장 큰 장점은 24시간 버틀러 서비스[수고비 200바트(약 6천 원)+실비]. 그야말로 나만의 비서가 한 명 생기는 셈이다. 실제로 분유용 미네랄워터가 똑 떨어져서 대신 편의점에서 사다 주기도 했고, 커피 서비스는 뭐 하루에 몇 번씩도 부탁해 마셨다. 가족이 같이 가는 여행이라면, 이 버틀러 서비스로 아빠가 좀 더 가족과 아이에게 집중할 수 있지 않을까 하는 생각이 든다.

그리고 역시 마룻바닥인 방도 거실이 꽤 넓어서 아이들이 마루에 앉아서 놀기에도 적당했고 세면대도 2개씩 있어 애들 한 명씩 씻기는 데도 매우 편했다. 라차담리 역과는 바로 2층에서 직통으로 연결되며 랑수안거리에서 도보로 10분 정도에 있어 위치도 좋고, 많은 블로거들이 극찬했던 조식도 정말 맛있었다.

다만 새로 생겨서 택시 기사님들이 이름이나 위치를 모를 때가 많다. 따라서 외출 시에 호텔 명함을 꼭 챙기고, 명함을 깜빡했을 경우 포시즌 호텔이라고 하면 대부분 안다(포시즌 호텔이 바로 옆 건물). ☞ 호텔 사진과 정보는 278~282쪽 참조

여행을 자주 하는 가족이라면 힐튼·인터컨티넨탈·메리어트 등 대형 호텔 체인의 티어를 노려보는 것도 방법이다. 티어 획득 방법은 호텔마다 다양한데 내가 가진 메리어트의 골드 티어의 경우, 가장 낮은 등급의 방을 예약해도 룸 업그레이드, 클럽 라운지 이용이 가능하다. 또한 조식, 룸 내 인터넷(wifi) 무료, 레이트 체크아웃 등 많은 특전이 부여된다. 한마디로 VIP 대접을 받게 되는 것이다. 여행을 자주 하는 가족들의 경우 이로 인한 비용 절감이 꽤 크니 도전해 보는 것도 나쁘지 않다. 네이버 카페 '스사사(스마트컨슈머를 사랑하는 사람들)'(http://cafe.naver.com/hotellife)에 가입하면 항공 마일리지와 호텔 티어에 관한 체계적인 정보를 얻을 수 있다.

이유식 먹는 아기의 여행 준비물

이유식과 분유를 함께 먹고 있는 아기들은 그야말로 짐이 최고로 많은 시기이다. 7박 9일의 긴 일정, 모든 식사를 다 엄마표 이유식으로 가져갈 수는 없다. 그래서 냉동·냉장실 보관이 비교적 안전한 3~4일 분량만 엄마표 이유식을 냉동해 가져가고, 나머지 일정은 시판용 이유식으로 준비했다. 그리고 보리차를 얼려서 몇 팩 가져가고 현지에서도 물을 끓여 먹일 수 있도록 따로 보리차 티백을 조금 가지고 갔다.

D-10

시판용 이유식을 몇 가지 사서 알레르기 반응은 없는지, 배탈은 나지 않는지 종류별로 테스트를 한다.

D-4

일정에 맞추어서 평소 잘 먹는 이유식으로 식단을 짜 이유식을 준비하도록 하자. 이유식을 냉동저장할 모유저장팩도 미리 준비해둔다. 아기가 이유식 중기로, 아침·저녁 하루 두 번 이유식을 먹고 있어 그에 맞게 식단을 짜고 각각 2끼 분량으로 총 8~10팩 정도를 준비했다.

중후기 이유식 식단 예시

이유식 중기 아기	이유식 후기 아기
애호박쇠고기죽	청경채김가루쇠고기
고구마사과죽	배찹쌀근대죽
배추닭죽	브로콜리당근닭죽
단호박브로콜리죽	단호박브로콜리죽

D-3

식단대로 만든 이유식은 눈금이 있어 분량을 알기 쉬운 모유 저장팩에 분량만큼 담고, 아기용 보리차도 끓여서 모유 저장팩 5개 정도에 담아 냉동실에 넣어 꽝꽝 얼린다. 1~2일 정도 얼린 것보다 3일 이상 얼리면 확실히 해동되는 속도가 더디다. 비행기 내에서만 7시간, 왔다 갔다 하는 시간을 총 계산하면 10시간 이상 버텨야 하기 때문에 오래 얼리는 것이 좋다.

처음부터 내용물을 평평하게 해서 얼려야 이렇게 차곡차곡 넣기 쉽다.

D—day

출발 전

출발 직전에 이유식과 보리차를 냉동실에서 꺼내 보냉박스에 넣는다. 보냉제가 있다면 같이 넣어주면 더욱 좋다. 보냉제는 아이스크림 가게 등에서 미리 받아 두었다가 사용할 수 있다.

도착 후

호텔에 도착하면 냉동실에 넣어두고(방에 냉동실이 없을 경우 호텔에 맡아 달라 요청) 먹일 때는 하루 전날 냉장고로 옮겼다가 먹이기 전에 따뜻한 물에 중탕하거나 용기에 덜어 전자레인지에 데운다.

급할 경우에는 현지 수입품 슈퍼마켓(시암파라곤의 고메 마켓 등)에서 하겐즈의 시판용 이유식과 과일 퓨레 등을 구입할 수 있다.

시판용 이유식의 경우, 유기농 이유식으로 병에 든 제품도 있지만 어쩌다 한 번 먹이는 거니 그냥 휴대성이 최고라는 생각에 파우치 형으로 선택해서 가져갔다. 다만 한 팩에 든 양이 조금 작아서 한 끼에 두 개씩 먹일 때도 있어 좀 넉넉하게 가져가는 것이 좋다.

짐에 여유가 있다면 물도 1.5리터 하나 정도 가져가면 좋다. 동남아 같은 경우는 특히나 어른들도 물을 조심해야하는데(수돗물 절대 음용 금지) 호텔에 비치된 미네랄워터가 분유에 안 맞는 경우가 있을지 모르니 도착한 첫날 먹일 분유용 물로 아기들이 원래 먹던 물이나 삼다수 등 한국산 미네랄워터 등을 가지고 가면 무난하다. 다음 날부터는 슈퍼마켓에서 수입산 물도 얼마든지 파니 원하는 브랜드로 구입해서 쓰면 된다. 그리고 아기들의 젖병이나 공갈 젖꼭지도 수돗물로 씻은 다음에는 생수로 다시 가볍게 헹궈준다.

아기와 함께하는 장시간 비행

방콕행 여행은 무려 7시간! 게다가 한창 호기심이 왕성하고, 자기 고집까지 살짝 생기는 시기라서 '비행기 안에서 투정이라도 부리면 어떻게 감당하지' 하는 생각에 두려웠지만 우려와 달리 너무 착하게 7시간 비행을 해주어 고마웠다. 하나도 안 힘들었다면 거짓말이지만 걱정했던 것에 비하면 이 정도는 아무것도 아니다.

그래서 아기와 장거리를 쉽게 여행할 그 비법을 알려드리려 한다.

1. 밤 비행기를 택한다(가장 중요!)

밤잠을 잘 시기인 아기라면 밤 비행기를 택해 긴 여정 동안 잠을 잘 수 있도록 한다. 비행기 시간을 아기 수면시간에 맞추거나 아기 수면시간을 여행 출발하기 일주일~열흘 전부터 비행기 시간에 맞춰서 비행 중 최대한 많은 시간을 잘 수 있게 유도한다. 개월에 따라 배시넷에 눕혀 가면 아기도 엄마도 편안한 비행을 할 수 있다.

2. 익숙한 장난감 & 새로운 장난감을 같이 준비한다

익숙한 장난감은 안정감을 주지만 금방 싫증을 낼 수 있으니 조금 싫증을 내거나 힘들어한다 싶으면 새로운 장난감을 줘서 시간을 좀 끌어본다.

3. 좋아하는 간식(과자)을 가져간다

간식을 좋아하는 아기들을 달랠 때는 이것만 한 게 없다.

4. 좋아하는 애니메이션을 담아간다

동영상이나 애니메이션에 반응하는 나이라면 〈뽀로로〉 동영상을 보여주는 방법도 있다. 대한항공은 개인 모니터에 뽀로로 등 키즈 프로그램이 준비되어 있다.

5. 분유나 보리차를 준비한다

이착륙 시에는 분유나 보리차를 조금 먹여서 귀가 아프거나 멍멍해지는 현상을 예방한다. 자고 있을 때는 굳이 깨워서 먹이지 않고 그대로 두면 된다.

이륙 시에는 분유를 먹이고 장난감 등으로 조금 놀게도 하면서 편안하게 해준다. 기내식이 나오면 아기 이유식으로 아기도 식사를 하게 하고 조금 놀면서 소화가 되게 한 다음 밤잠을 재울 준비를 한다. 기내에서도 이쯤 되면 거의 대부분의 등을 소등하고 잘 수 있는 분위기를 만들어준다.

소아과 의사선생님 **코멘트**

아기와 여행 시 이런 점을 주의하세요

돌 전 후 아기와 동남아 여행 시 유의할 점
위생 상태를 잘 체크해주시고, 반드시 끓인 물을 먹여야 합니다. 과일은 냄새가 진하거나 단단한 과일은 피해주시고, 향이 진하지 않고 부드러운 과일 위주로 먹이는 것이 좋습니다.

돌 전후 아기의 물놀이 주의사항
반드시 보호자가 함께해주시고, 보호자가 옆에 있다 하더라도 한 번에 10분 이상의 물놀이는 좋지 않습니다.

10일 이상의 중장기 여행 시 지켜야 할 점
가벼운 외상 시 사용할 약품, 반창고, 감기약, 설사약, 해열제 등의 비상약을 준비해 가도록 합니다.

엄마와 아기의 방콕 여행

이번 여행은 아기랑 엄마랑 단둘이 가는 여행이었다(비슷한 또래의 지인 모녀와 함께하긴 했지만). 육아 휴직기간이 얼마 남지 않은 시점에서 지금밖에 시간이 없는데, 남편은 한창 바쁠 시기라 여행을 함께할 수 없는 상황이었기 때문이다.

내가 남편 없이 돌도 안 된 아기랑 열흘간 해외여행을 다녀왔다고 하면 대부분의 사람들이 놀라거나 말도 안 된다는 표정을 짓는다. 하지만 나는 생각을 조금만 달리 하면 그리 어려운 일이 아니라고 말하고 싶다.

남편과 함께 가서 힘든 점도 나누고, 좋은 추억을 만들면 두말할 것도 없이 최고의 여행이 되겠지만, 현실적으로 대한민국에 사는 30~40대 남자들 중 여행 일정을 맞춰줄 수 있는 사람은 그리 많지 않을 것이다. 열심히 일하는 사람을 두고 혼자 여행 가는 게 미안했지만 나의 휴가도 소중하다는 생각에 여행을 가기로 결심했다.

우리는 부부간에도 각자의 시간과 공동의 시간이 있다고 생각한다. 상대방이 시간을 내주기만을 기다리지 말고, 내 시간도 소중히 여기자.

그렇다고 자신 없는 일에 무모하게 도전해 보라는 말은 아니다. 세상에서 가장 소중한 우리 아기들에게 무슨 일이라도 생기면 그건 절대 안 되니까! 하지만 육아에 대해서 어느 정도 자신감이 생기고, 여행을 많이 다녀본 사람이라면 타이밍이 좋고 기회가 될 때 도전해 봐도 좋을 거라 생각한다. 아기랑 둘만 하는 여행을 통해 (말 못하는 아기라 할지라도) 어느샌가 아기와 소통하고 있는 자신을 발견하게 될 것이다.

그리고 9개월인 하준이는 여행을 하며 부쩍 커서 돌아왔다. 평소 낯가림이 심하지 않긴 했지만, 여행 내내 많은 사람들과 만나고 인사하다 보니 이제 새로운 사람과 눈만 마주쳐도 방긋방긋 웃는다. 이런 사소한 아기의 성장이 엄마에게는 또 하나의 기쁨이 된다.

아기와의 방콕 여행을 준비하면서 가이드북도 꼼꼼히 뒤지고 블로그도 열심히 검색하며 정보를 모았지만, 검색이나 가이드북으로는 알 수 없는 것들도 많았다. 이왕이면 필요한 정보가 한눈에 쏙쏙 들어오도록 누가 정리 한번 해주면 좋겠다 싶었던 게 이 책을 쓰게 된 하나의 계기이기도 하다. 그래서 이번 여행에서는 돌쟁이 아기 엄마의 입장에서 향후 여행을 하게 될 다른 엄마, 아빠들에게 필요한 정보들을 최대한 담으려고 노력했다. 방콕의 전문 가이드북이 아니라 세세한 관광 정보까지 다 기재할 수는 없었지만 방콕에 처음 여행 가시는 분들이라면 이 일정대로 따라가도 큰 무리는 없으리라 본다.

첫째 날,

♥ ♡ PM 1:20 리무진 버스로 공항으로 이동

즐겁게 지내다 오라는 남편의 배웅을 받고 집 앞에서 택시를 타고 집에서 가장 가까운 근처 호텔의 리무진 버스 정류장으로 이동했다.

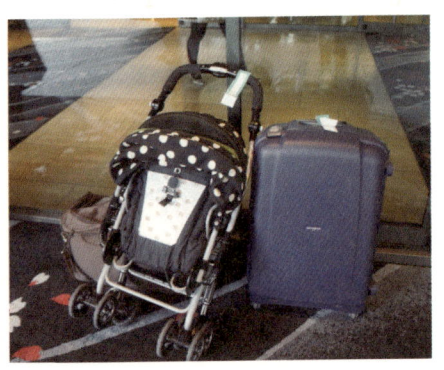

이번 여행에 가져가는 짐은 큰 트렁크 하나, 하준이 짐 보스턴 백 큰 거 하나, 휴대용 유모차 1대, 그리고 기저귀가방. 아기띠 한 채로 이 모든 짐을 챙겨야 한다. 어떻게 다닐까 걱정했는데 다행히 여행 내내 짐 때문에 힘들었던 기억은 별로 없다. 호텔 이동 때마다 호텔 직원이 짐을 다 내려주고, 리무진 버스에도 실어주니 난 아기랑 내 기저귀가방만 잘 챙기면 된다.

하준이는 리무진 버스에서 자라고 일부러 재우지 않고 있다가 리무진 버스에서 분유 한 번 주니 예상대로 바로 쿨쿨. 리무진 버스로 공항까지 1시간 좀 넘는 거리라 걱정했는데 하준이가 협조를 잘해주는 덕분에 큰 어려움 없이 공항까지 도착했다.

출발 당일 아침 엄마의 기저귀가방

엄마의 기저귀가방에는 집을 출발해 방콕에 도착하는 시간까지 약 10시간 동안 아기에게 필요한 모든 준비물이 다 들어가 있어야 한다.

- 여권과 이티켓, 현금과 신용카드(해외에서 사용 가능한지 미리 확인할 것)
- 수유 관련 준비물은 집을 출발해서 공항과 기내에서 약 5번 정도 수유할 분량으로 준비한다. 혹시 비행기 출발이 지연되거나 연착할 경우를 고려해 필요한 분량보다 조금 더 넉넉하게 준비하자.

- 기저귀와 물티슈도 조금 넉넉하게 챙기는 것이 좋다.
- 달래기용 간식과 장난감도 아기가 보채는 긴급 상황에 대비해 준비한다.
- 장시간 비행에 혹시 모르니 해열제는 가방에 따로 챙긴다.

♥ ♡ PM 3:00 공항 도착

언제나 설레는 공항에 도착해 티케팅을 마치고 출국장으로 들어가기 전 간단하게 커피와 간식을 먹고, 아기들에게 분유를 먹였다.

♥ ♡ PM 5:30 공항 출발

타이항공은 만 6개월 이상부터 배시넷 사용이 안 돼 개인 좌석에 아기를 안고 가야 한다. 다행히 제일 앞좌석으로 배정을 해주고, 중간 열이 모두 비어 있어 넓고 편안하게 갈 수 있었다. 또한 출발 48시간 전에 베이비 서비스를 신청해두면 이유식 및 기타 서비스를 받을 수 있다(항공사마다 다르니 각 항공사에 문의해볼 것). 이유식은 신청한 대로 개월에 맞는 시판용 큐피 이유식이 나와서 아기들도 기내 이유식으로 저녁식사를 했다. 아기들이 자리에 앉아 있는 것을 지루해할 때는 자리 밑에 담요를 살짝 깔아 아기들이 다리를 좀 펼 수 있게 해주었다(다행히 앞좌석이 없었기 때문에 가능했지만 위험한 일이라 추천하지는 않는다).

저녁 먹인 후에는 밤잠 자는 시간 맞추어 아기띠를 해서 재웠다. 미리 밤잠 시간을 규칙적으로 트레이닝을 시키면 외부 환경에서도 재우기가 수월하다.

♥ ♡ PM 10:30 방콕 도착(이하 현지 시각)

유모차를 door-to-door 서비스로 비행기 게이트 앞에서 맡겼다가 나올 때도

게이트 앞에서 찾으니 하준이를 뉘거나 짐 올려두고 다니기에도 편했다. 세계적인 관광도시 방콕답게 밤 비행기임에도 불구하고 엄청나게 많은 관광객이 입국한다. 입국심사를 기다리는 줄도 엄청나지만 아기와 함께 혹은 임신부가 입국할 경우에는 우선 심사대를 사용할 수 있다.

♥ ♡ PM 11:30 택시로 호텔 이동

짐을 찾고 게이트를 나와 택시 마크가 그려진 간판만 따라 가면 1층에 택시승강장이 따로 있다. 승강장 입구에서 호텔의 이름과 주소가 적힌 종이를 보여주면 현지인이 택시기사에게 이야기해 준다. 호텔 이름과 주소를 미리 프린트해서 가져가자.

택시는 일반 승용차 택시와 밴 형의 택시 2종이 있다. 우리는 짐도 많고 유모차가 두 대나 있어서 일반 택시를 타는 건 포기하고 밴 택시를 이용했다.

♥ ♡ AM 12:00 르네상스 라차프라송 호텔 체크인

    도착 후 체크인을 마치자마자 호텔 체재 중에 먹일 2일치 이유식은 빼두고 나
머지 이유식은 호텔 냉동실에 보관해 달라고 요청해 두었다. 전달하기 전 확인
해 보니 이유식들이 아직까지는 녹지 않고 얼어 있는 상태라 다행이었다.

르네상스 라차프라송 호텔 로비

디럭스룸 – 트윈 베드

기준인원 2인 / 최대인원 3인

킹 베드 1개 or 트윈 베드 1개,

엑스트라 베드 이용 불가(단, 아기침대 1개 이용 가능)

트윈룸의 침대는 싱글 사이즈가 아니라 더블베드가 2개라 성인 3인까지 무난하게 사용 가능하다. 여자 둘, 아기 둘이 자기에는 크게 무리가 없었지만 방에서 휴식을 취하거나 호텔 내에서 시간을 보내기에는 조금 좁은 느낌이다. 그리고 기본 마룻바닥이지만 카펫이 깔려 있고 폭도 좁아 아기들이 바닥에서 놀기에는 무리가 있다. 아기침대는 원칙상 방 하나당 1개만 이용 가능하지만 사전에 메일로 요청해 두니 특별히 침대 사이사이에 각각 1개씩, 총 2개를 놓아주었다.

↑ 대리석으로 꾸며 심플하고 세련된 욕실과 세면대. 통유리로 침실과 욕실을 구분 짓는데 이때 블라인드를 내려서 사용할 수 있다.

←⋯ 분유용 물을 끓일 수 있는 전기포트

호텔에 구비된 매일 2병씩 무료로 제공하는 생수는 엄마들이 마시고 아기들 분유용으로는 수입 브랜드의 미네랄워터(유료)를 사용했다. 호텔에 어떤 물이 준비되어 있을지 몰라 우리는 출발할 때 트렁크에 500ml짜리 볼빅을 2병을 준비해 갔는데 다음 날 마트에서 장보기 전까지는 호텔에 구비된 물과 미리 사간 물을 분유를 타는 데 사용했다.

wifi로 연결(메리어트 골드 특전으로 wifi 접속 무료)해 남편에게 카톡으로 무사히 도착했다는 인사와 기념사진을 보냈다. 아기들을 대충 씻기고 옷을 갈아입혀 놓으니 둘이서 장난치며 놀다가 금방 잠이 들었다. 오랜 비행을 마치고도 아기들의 컨디션은 그리 나쁘지 않은 것 같아 다행이다.

룸서비스로 똠얌꿍과 팟타이(볶음면)를 시켜 저녁식사를 했다. 아기들을 재우고 태국 현지에서 첫날 먹는 똠얌꿍과 팟타이는 정말 천상의 맛. 가격도 호텔 룸서비스치고는 저렴하다. 서비스료 세금 다 포함하여 한화로 약 3만 원 정도.

이렇게 피곤하고 들뜬 첫날을 보내고, 내일을 기대하며 엄마들도 잠자리에 들었다.

Renaissance Bangkok Ratchaprasong Hotel ★★★★★

주소 518/8 Pleonchit Rd. Bangkok 10330
전화번호 02-680-5900
체크인 14:00~ / **체크아웃** 12:00
예산 디럭스룸 1박당 20만 원선
홈페이지 www.renaissancebangkok.com
부대시설 수영장, 사우나, 스파, 피트니스센터, 비즈니스센터, 베이비시터 서비스

둘째 날,

♥ ♡ AM 8:00 기상

시차가 큰 편도 아니고, 워낙 먹고 자고 번갈아하는 아이들이라 시차는 큰 의미가 없다. 식사 시간인 걸 어떻게 아는지 아침식사 시간이 되니 아기들이 알아서 일어나 옹알댄다.

♥ ♡ AM 8:30 클럽 라운지에서 느긋한 아침식사

메리어트 골드 티어의 특권으로 누리는 클럽 라운지. 정해진 시간에 따라 차와 칵테일 타임이 진행된다. 일반 조식당에 비해 너무 북적이지 않아서 좋다.

아기들도 함께 아침 식사. 모유저장팩에 든 이유식을 가져가, 직원에게 데워 달라고 부탁하면 예쁜 접시에 담아 내 온다. 그사이에 엄마 음식을 조금 떠 와서 준비해 놓고, 아기의 이유식이 준비되면 평소 이유식 먹이던 대로 식사하면 된다.

뷔페 메뉴 중 돌 전후 아기가 먹을 수 있는 메뉴는 오트밀, 흰죽, 생과일 사과주스 등이 있는데 중기 이유식이 지난 아기라면 오트밀로 아침식사를 대체해도

괜찮을 듯하다. 어른들 메뉴 중에는 새우가 쫀득하게 씹히는 딤섬과 달걀 즉석 요리 코너의 에그 베네딕트가 맛있다. 음료수는 냉장고에서 마음대로 꺼내 먹을 수 있도록 되어 있는데 생과일주스 중 사과·오렌지 주스는 돌 전 아기에게 먹이기 좋다.

♥ ♡ AM 10:00 수영장 구경

아침식사를 마친 후에는 수영장과 호텔 시설들 가볍게 둘러봤다. 수영을 할까 했지만 물이 생각보다 차서 아기랑 수영을 하기에는 조금 무리였다. 아쉽지만 수영장은 구경만 하기로 했다.

↑ 모던한 스타일의 수영장
↓ 수영장 내의 휴식 공간. 넓은 소파가 있어서 아기와 같이 휴식하기에 좋다.

♥ ♡ AM 11:00 룸 변경

스위트룸 스튜디오 객실로 이동하기로 했다. 원래 어제 업그레이드하려 했는데 객실이 만실이라 오늘 하기로 했다. 침대가 킹사이즈 하나라, 조금 걱정이 되긴 했지만, 아기들은 아기침대에 재워보기로 하고 이동 요청을 했다. 방이 준비될 때까지 라운지에서 애프터눈 티타임을 즐겼다.

라운지에서 애프터눈 티 타임

라운지에 아기들과 같이 앉아 있으니 한 할머니가 말을 걸어오셔서 육아 이야기, 여행 이야기 등을 나눴다. 엄마가 되고 나서는 누구라도 쉽게 친구가 되는 것 같다. 나도 모르는 사이에 모르는 사람과의 대화를 즐기고 있는 나를 발견하고 스스로도 깜짝 놀랄 때가 있다. 아마도 '엄마'라는 공통된 화제가 있어서 그럴 것이다. 이다음에 더 나이가 들었을 때 초보 아기 엄마들을 보면 나도 왠지 그들이 짠하고 또 대견해 도와주고 싶은 마음에 말을 걸고 있을 것 같다.

드디어 스튜디오 스위트룸으로 이동. 역시 디럭스룸보다 넓고, 코너룸이라 채광이 좋아 훨씬 쾌적하다. 아기들이 기어 다니고 놀이할 공간도 충분히 여유 있어 좋다.

239

스튜디오 스위트룸

기준인원 2인 / 최대인원 3인
킹 베드 1개, 엑스트라 베드와 아기침대 1개 이용 가능

욕실과 화장실도 널찍하고 세면대도 2개씩 있어 하나씩 물건 올려두고 쓰기에도 좋았다. 밤에 아기들을 재워 두고 야경을 보면서 혹시나 싶어 가져간 입욕제 풀고 따뜻한 물에 몸을 담갔다.

♥ ♡ PM 2:00 시암파라곤

오전에 방을 옮기고 나니 금방 오후 2시다. 유모차를 이용해서 시암파라곤까지 가 보기로 했다. 르네상스 라차프라송에서 큰길까지 나와 좌회전을 하면 BTS 칫롬 역이다. 여기서 시암 역까지는 스카이워크로 연결되어 있으며 도보로 10분 정도 소요된다.

스카이워크로 올라가는 게 첫 번째 미션이다. 에스컬레이터로 연결되어 있는데, 이를 타기 위해서는 몇 개의 계단을 올라가야 한다. 아빠랑 같이 가는 여행이라면 아빠가 유모차를 들고 엄마가 아기를 안으면 되겠지만, 혼자 아기랑 유모차를 다 들 수는 없기에 엘리베이터를 찾아서 타기로 했다. 에스컬레이터 바로 옆 맥도날드에서 엘리베이터를 타면 2층의 스카이워크와 연결돼 있다. 맥도날드를 지나 건물 옆을 돌아가면 유모차나 휠체어가 다닐 수 있는 경사가 있으니 그쪽으로 올라가면 바로 엘리베이터가 있고 2층에서 스카이워크와 바로 연결된다.

시암 역은 시암파라곤 M층과 연결되어 있다.

시암파라곤

주소 991 Siam Paragon Shopping Center
Rama 1 Rd., Pathumwan, Bangkok

TEL 02-658-3000

이용시간 10:00~21:00

교통편 시암 역과 연결

홈페이지 www.siamparagon.co.th

♥ ♡ PM 3:30 점심식사

    시암파라곤 4F 식당가 FAI SOR KAM에서 늦은 점심식사를 했다. 대부분의 레스토랑들이 시간만 잘 맞추면 런치 메뉴로 착한 요금에 여러 가지 태국요리를 맛볼 수 있다.

FAI SOR KAM ★★★★★

예산 1인당 119바트(런치세트)

    큰 기대 없이 들어갔지만 가격 대비 정말 맛있는 식사를 했다. 그중 가장 추천하고 싶은 메뉴는 해산물 수프와 옥돔 튀김. 해산물 수프는 한국의 해물탕이랑 비슷한 맛이고 옥돔 튀김이 정말 고소한 게 예술이다. 게다가 옥돔을 이 가격에 즐길 수 있다니!

해산물 수프와 옥돔 튀김(상), 구운 새우와 두부 수프(하)

엄마도 점심을 먹었으니 우리 아기들도 점심 분유를 먹어야 할 시간이다. 분유에 들어갈 물이 너무 뜨거워 식히려고 아이스 워터를 좀 달라고 했더니 마시는 생수 한 병(유료)을 가지고 온다. 마시는 물과 분유 식히는 물의 차이가 있어 물에 대한 커뮤니케이션이 좀 힘들다. 차라리 사진처럼 준비해달라고 하는 게 더 편할지도 모르겠다.

♥ ♡ PM 5:30 유아휴게실과 고메 마켓 쇼핑

시암파라곤의 유아휴게실은 유아용품 매장의 유모차 전시장 근처에 있다. 역시 관광객들이 많이 찾는 곳이라 유아휴게실도 한국의 쇼핑센터 정도 수준으로 잘되어 있는 편이다. 태국 여행의 필수 쇼핑 아이템 란제리 매장과 같은 층에 있으므로 기저귀 갈고는 란제리 매장도 둘러보면 좋다.

기저귀도 갈았으니 이제 본격적으로 쇼핑을 하자. 오늘의 미션은 기저귀와 분유용 미네랄워터 사기!

기저귀는 지하 '고메 마켓'과 유아휴게실이 있던 유아용품 코너, 총 2군데서 판매하고 있다. 가격은 같지만 지하 슈퍼마켓이 종류가 훨씬 많으므로 슈퍼마켓

⋮ 씻길 수 있는 세면대도 있고 휴지도 준비되어 있어서 꽤 편했다. 한 번에 두 명까지 기저귀를 갈 수 있게 되어 있다.

⋮ 1인용으로 준비된 수유실이 3개 있다. 또한 보호자가 앉아서 쉴 수 있는 공간과 물도 준비되어 있다.

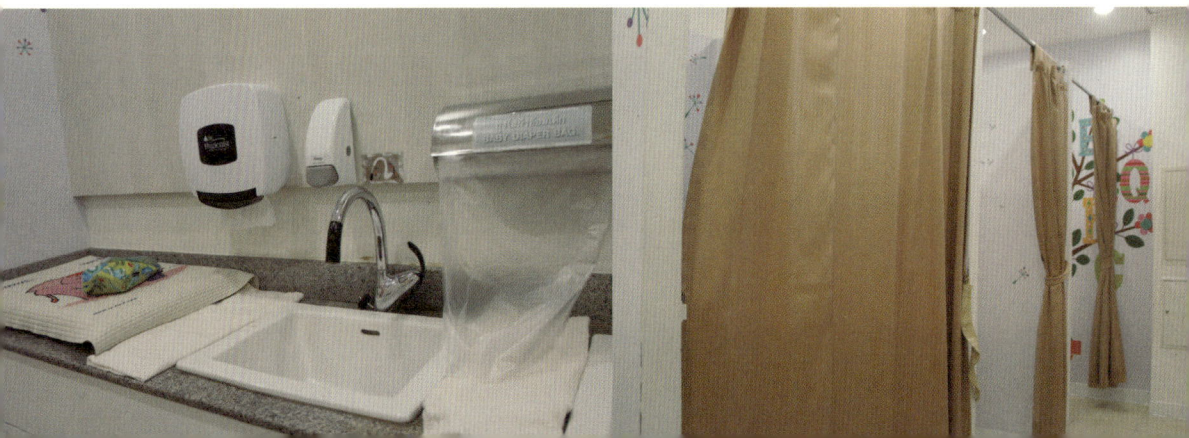

에서 다른 물건들과 함께 사면 좋을 듯하다. 마미포코, 군, 메리즈 등 일본 브랜드 기저귀와 국내 브랜드 기저귀가 판매되고 있으며 장수에 따라 가격은 조금씩 차이가 나지만 마미포코 M20매 1팩에 169바트(약 6,000원가량), 군 M34매 1팩에 319바트(약 12,000원가량) 정도이니, 각자 여행 일정에 맞게 구입하면 되겠다. 참고로 태국의 경우 물티슈 가격이 비싼 편이니 물티슈는 한국에서 챙겨오는 것이 경제적이다. 또한 의외로 방수기저귀 파는 곳이 별로 없으니 방수기저귀도 한국에서 미리 챙겨올 것을 추천한다.

시암파라곤의 '고메 마켓'은 아마 방콕에서 가장 비싼 슈퍼라고 해도 될 정도로 수입식품 및 퀄리티 있는 제품들이 주를 이루고 있으며, 외국인이나 관광객들이 주요 손님이다. 따라서 가격이 좀 있더라도 어느 정도 신뢰할 수 있는 브랜드의 먹거리 제품들이 많아 아기에게 먹일 때도 안심이다. 아기 분유와 아기 간식용 이유식 등도 판매하고 있으며 미국 제품인 하인즈의 병 이유식과 간식으로 좋은 과일 퓨레 등 여러 가지 제품들이 개월에 맞게 구비되어 있다.

태국하면 역시 망고와 망고스틴. 엄마들 디저트로 저녁에 호텔에서 먹을 과일도 조금 구입했다. 먹기 쉽도록 손질된 과일을 팔아서 좋다.

시암 파라곤 내의 고메 마켓. 기저귀 코너에는 다양한 기저귀들이 구비되어 있다. 또한 퓨레 타입 이유식도 판매하고 있는데 미국 제품 하인즈 병 이유식 가격은 1병에 49바트(약 1,800원 정도)

♥ ♡ PM 7:00 시암센터 쇼핑

 시암파라곤 G층 인포메이션 앞에서 길 하나만 건너면 시암센터이다. 백화점보다는 좀 더 젊은 층을 겨냥한 쇼핑몰로 내부에서의 구경도 재미있다. 한국에서 가격 대비 품질 좋기로 소문난 '찰스 앤 키스'도 입점되어 있으므로 체크해 볼 것.

시암센터

주소 991 Siam Paragon Shopping Center Rama 1 Rd., Pathumwan, Bangkok
TEL 02-658-3000
이용시간 10:00~21:00
교통편 시암 역과 연결
홈페이지 www.siamparagon.co.th

젊은 층을 겨냥한 개성 있고 모던한 인테리어의 실내

♥ ♡ PM 9:00 저녁식사

늦은 시각이지만 이대로 한 끼의 저녁을 넘어갈 순 없다는 데 의견 일치를 봐 시암에서 칫롬 역으로 가는 길에 있는 센트럴 월드 플라자에 들렀다. 역시 스카이워크로 바로 연결되어 편하게 갈 수 있다.

센트럴 월드 식당가에 위치한 '나라'는 태국음식 전문점으로 '방콕 베스트 레스토랑'이라는 명색에 걸맞게 맛도 있고, 분위기도 좋았다. 아기 유모차도 들어갈 수 있게 배려해주는 모습이 인상적이었다. 현지인보다는 일본인, 외국인이 많이 보이며 가격대는 로컬 식당보다는 살짝 높은 편이다.

나라 ★★★★☆

주소 Central World 7F, Ratchadamri Road, Pathumwan, Bangkok 10330
예산 1인당 950~1,300바트
추천 메뉴 뿌팟퐁커리(게카레), 똠얌꿍, 모닝글로리 볶음

♥ ♡ PM 10:30 숙소로 이동 후 휴식

　다소 늦은 저녁식사를 마치고 호텔로 돌아왔다. 목욕시키니 아기들도 금방 잠이 들었다. 하루를 아주 알차게 보낸 듯하여 뿌듯한 마음과 아기들이 잘 따라와줘서 고마운 마음으로 잠이 들었다.

셋째 날,

♥ ♡ AM 8:30 기상

도착한 날을 제외하고 어제가 하루 종일 여행지에서 보낸 첫날이라 아기들 컨디션이 걱정되었는데, 다행히 너무나 기분 좋게 잘 일어난다.

♥ ♡ AM 9:00 아침식사

오늘도 클럽 라운지에서 아침식사. 아침식사로 여러 가지 준비된 음식들을 보니 기분이 좋다. 역시 하루가 지

기분 좋은 아침 햇살

나니까 마음도 시간도 훨씬 여유로워진다. 어제는 아침식사 때 정신이 하나도 없었는데 오늘은 몸도 마음도 조금씩 여유가 생긴다.

보통 집에서는 아침에 아기 이유식을 준비해서 챙겨주고 나면 내 밥은 먹는 둥 마는 둥, 아니면 서서 5분 만에 먹기 일쑤다. 사실 내 밥 챙겨 먹는 일도 귀찮게 느껴진다. 애 엄마가 되니 남이 해주는 밥이 그렇게 맛있고 감사하다. 새삼 스무 살 넘어서까지 다 큰 딸 밥을 차려주신 친정엄마에게 감사하다는 인사를 한 번도 제대로 못했다는 생각이 든다. 다 차려주신 아침밥을 안 먹고 나온 적도 많았는데, 이 아침밥 준비만으로도 엄마는 새벽부터 일어나셨을 텐데 그때는 왜 몰랐을까. 내가 엄마의 입장이 되기 전까지는 알 수도, 알려고 하지도 않았던 것들이다. 엄마가 되기 전까지는, 아니 한 아이의 엄마가 된 지금도 우리 엄마의 마음을 전부 다 알 수가 없다. 한 해 두 해 아기를 키우면서 세월이 또 가르쳐주려나.

←··· 엄마도 오랜만에 예쁘게 세팅한 아침식사

⋮ 아기들도 예쁜 그릇에 담아 기분만은 호텔 조식.
  아래쪽은 부드럽고 고소한 오트밀이다.

♥♡ PM 12:00 휴식 및 짐 정리와 체크아웃

호텔 좋아하는 엄마들 탓에 아기들도 고생 아닌
고생이다. 짐 싸고 풀고 하는 건 엄마 몫이니 결국
엄마가 고생이긴 하지만. 그 고생을 감수하더라도
여러 군데 묵어 보고 싶은 엄마의 욕심에 다음 호
텔로 이동할 준비를 마쳤다. 다행히 포터 서비스
가 잘되어 있어 짐을 싸 놓고 프런트로 요청하기
만 하면 이동은 알아서 다 해준다.

첫날 체크인할 때 냉동고에 넣어달라고 부탁한
이유식도 잊지 말고 찾아갈 것.

♥♡ PM 2:30 메리어트 아파트먼트 스쿰빗
      체크인

입구나 로비가 럭셔리하거나 뭔가 새롭거나 이런 느낌은 아니었는데 외국 고
급 맨션의 전형적인 느낌으로 호텔이라기보다는 집같이 생각되어 더 편안하게
지낼 수 있었던 것 같다.

아늑한 분위기의 침실. 아기침대는 왼쪽 벽에 붙여서 사용했다.

one—bedroom – 더블

기준인원 2인 / 최대인원 성인 2인+아이 2인
킹 베드 1개, 엑스트라 베드와 아기침대 1개 이용 가능

아이들이 놀기에 가장 활용도가 높았던 곳이 바로 거실이다. 뾰족한 모서리의
테이블을 치우고, 소파 등받이를 빼서 안전게이트로 활용했다.

↑ 레지던스만의 장점이
자, 이유식이 필요한 아
기를 둔 엄마에겐 너무
나 감사한 주방
←⋯ 냉동고가 분리된 중형
의 냉장고가 든든했다.
방에 도착하자마자 한
일이 이유식 냉동실에
넣기!

↑ 대리석의 욕실   ↑ 널찍한 욕조

    욕실도 전체적으로 대리석으로 꾸며져 웬만한 호텔보다 더 고급스러웠다. 다
만, 바닥도 대리석이라 아기들이 이쪽으로 기어오지 못하도록 주의가 필요하다.
샤워부스와 목욕욕조가 따로 있는 형태라 실용적이다. 또한 세탁기와 건조기도
비치되어 있다(아기 전용 세제는 따로 준비해서 가져갈 것).

Marriott Executive Apartments Sukhumvit ★★★★★

주소 90 Sukhumvit Soi 24, Klongton, Klongtoey

TEL 02-302-5555

체크인 15:00~ / **체크아웃** 12:00

예산 one-bedroom 1박당 20만 원선

홈페이지 www.marriott.com/bkksp

부대시설 수영장(키즈풀 있음), 사우나, 스파, 피트니스센터, 비즈니스센터, 키즈룸(07:00~ 21:00), 베이비시터 서비스(시간당 200바트, 최소 4시간 이상 이용 조건, 심야 택시비 추가 부담), 엠포리엄 백화점까지 툭툭 서비스(07:00~22:00)

♥ ♡ PM 4:30 엠포리엄 백화점 & 쏘이24 거리

이곳에서 4박을 할 예정이라, 짐을 대충 좀 풀어서 정리하고 휴식을 취한 뒤 호텔의 툭툭 서비스를 이용해 유모차를 가지고 쏘이24와 엠포리엄 백화점을 구경했다. 엠포리엄 백화점 역시 계단이 있어서 유모차로 올라가기에 어려움이 있지만 하얀 제복을 입고 있는 도어맨에게 도움을 요청하면 친절히 도와준다. 엠포리엄 백화점 내의 명품 코너는 한국보다 더 비싸다. 다만 슈퍼마켓이 있기 때문에 과일이나 물 등 먹거리를 쇼핑하기에 좋다.

엠포리엄 백화점

주소 642 Sukhumvit Road, Khlong Tan, Khlong Toei, Bangkok
TEL 02-664-8000
이용시간 10:30~22:00
교통편 BTS 프롬퐁 역과 연결

방콕에서도 유명한 쏘이24 거리는 유모차로 다니기에는 길이 너무 안 좋다. 보도인데도 불구하고 아스팔트가 아닌 한국의 옛날 도로나 비포장된 시멘트 도로처럼 여기저기 턱이 너무 많아서 유모차를 올렸다 내렸다 하면서 다니는데 힘들어서 차가 없을 때는 차도로 다닐 정도였다. 이러다 위험해서 안 되겠다 싶어 아기들은 유모차에서 풀어 아기띠로 안고 짐을 유모차에 올려두고 밀고 다녔다.

그나마 휴대용으로 가져가서 이 정도이지, 원래 쓰고 있던 디럭스를 가지고 갔으면 얼마나 고생했을지. 요즘 디럭스 유모차를 쓰는 엄마들도 많을 텐데 여행 시 호텔에만 있을 게 아니라면 절대적으로 휴대용 유모차가 낫다.

♥ ♡ PM 6:00 저녁식사

저녁식사를 위해 찾은 곳은 쏘이24에 위치한 유명한 태국음식 레스토랑 레몬 그라스다. 레몬그라스는 엠포리엄 백화점에서 도보 5분 거리에 있다.

처음 실내 좌석이 예약으로 인해 만석이라 테라스석으로 안내받아 식사를 하는데 모기가 너무 많았다. 많은 모기 때문에 여기저기 사방에 모기향이라 유모차에 앉아 있는 아기들에게 모기향 냄새가 너무 강하지 않을까 걱정도 되고, 모기 물릴까 걱정도 되고 도저히 안 되겠다 싶어 다시 요청을 하니 실내좌석으로 바꿔 주신다.

레몬그라스 ★★★☆

주소 5/1 Sukhumvit Soi 24
TEL 02-258-8637
예산 1인당 약 500바트
이용시간 11:00~14:00, 18:00~23:00

레몬그라스에서는 가능한 한 예약을 하고 실내에서 식사하는 걸 추천한다. 사실 모기 때문에 음식이 입으로 들어가는지 코로 들어가는지 모를 정도라 무슨 음식이 맛있었는지 메뉴 추천은 패스. 그래도 웬만하면 그냥 나갔을 텐데 좌석을 바꿔달라고 해서 다 먹고 나간 걸 봐서 맛이 없진 않았나 보다.

태국에 온 목적 중에는 너무나 좋아하는 태국음식을 실컷 먹는 것과 마사지라서 이번 여행의 거의 전 식사가 태국식이다. 먹다가 질리면 다른 음식점을 갈 텐데 매끼 또 태국식이 먹고 싶어져 자연스럽게 태국식으로만 계속 먹게 되었다. 한식이나 기타 다른 레스토랑도 많으니 식사는 취향에 맞추어서 가면 될 것 같다. 식사를 마치고 호텔로 돌아오는 길에 호텔 바로 앞에 있는 스파에 가서 아기와 함께 스파가 가능한지 문의를 하고 예약을 한 후 일단 호텔로 돌아왔다.

♥ ♡ PM 8:00 호텔로 이동

엄마들의 저녁식사가 끝났으니 이제 아기들의 저녁식사. 냉장고에 넣어둔 이유식을 구비된 냄비에 물을 끓여 중탕해 주었다. 역시 레지던스 형태가 이유식을 하는 아기들에게 여러모로 편리하다.

이유식 중탕 중

♥ ♡ PM 9:00 리프레시 스파

호텔에서 길만 건너면 바로 앞에 있는 리프레시 스파. 2시간 30분 마사지 패키지+베이비 시터 1명 더 붙는 조건으로 2인 1실을 예약했다. 가격은 한국 돈으로 약 10만 원 정도.

다른 스파의 경우 대부분 아기 동반이 불가능했고, 또 다른 곳은 아기 둘을 베이비시터 한 명이 다른 방에서 봐준다고 하기도 했다. 그러나 엄마가 자기 애 하나만 봐도 힘든데 둘을 어떻게 한 명이 볼지도 걱정되기도 하고, 사실 엄마가 보이지 않는 다른 방에 외국의 모르는 마사지사가 데려가서 봐 준다는 것도 좀 불안했다.

그런데 여기는 각각 2인실 방을 1개씩 따로 준비해 주고, 스태프 한 명은 내 마사지 담당, 다른 한 명은 베이비시터 전담으로 해 주기로 해서 가게 됐다. 따로 이런 프로그램이 준비되어 있는 것은 아니고 상

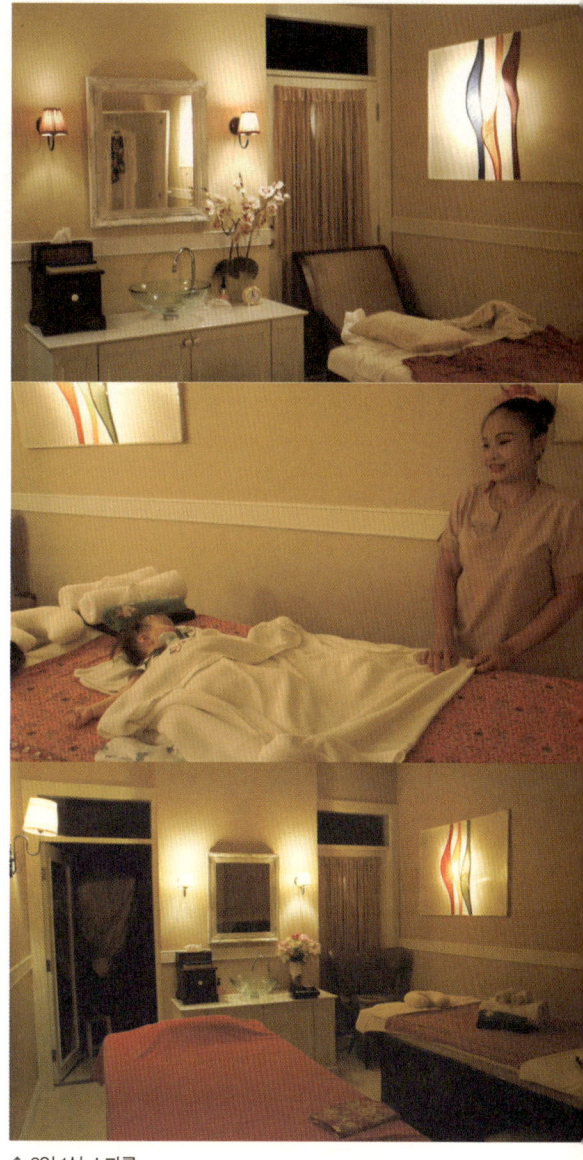

⁑ 2인 1실 스파룸.
왼쪽 침대에서 내가 스파를 받고, 오른쪽 침대에 아기를 재웠다.

황을 이야기해 협의한 것이다. 나중에 다른 사람이 가도 이 프로그램과 이 가격으로 진행해주기로 약속했으니 문의 후 예약하면 된다(단, '베이비시터를 할 스태프의 여유가 있으면'이라는 단서가 있으므로 사전 문의 필수).

간단한 설명을 들은 후 2인실로 안내받고 드디어 스파를 즐길 시간이 왔다. 방콕에 왔다는 게 실감나는 순간이다. 아기는 밤잠 자는 시간에 맞추어서 일단 재운 후, 데려가 침대에 눕혀 그대로 재우면 OK! 보통 마사지 숍이나 스파는 새벽까지 하는 경우가 많다.

베이비시터 전담으로 들어오신 분은 내가 2시간 반 동안 마사지를 받고 있을 때 오로지 하준이를 봐주시기만 한다. 바로 옆 침대에서 아기가 자고 있으니 마음 편하게 스파를 받을 수 있었다. 마사지의 기술은 중간 정도로 최고라고 말할 정도는 아니었지만, 스파를 받고 있다는 것만으로도 행복한 시간이었다. 아로마 향이 전신을 릴렉스하게 해주는 최고의 공신. 중간에 하준이가 한 번 깨서 10분 정도 달랜 후, 다시 재우느라 약간의 해프닝도 있었지만, 그래도 아기 데리고 스파를 받는다는 것이 대단한 일이었다. 나갈 때는 약간의 팁도 잊지 말자.

♥ ♡ AM 12:00 엄마들의 시간

스파를 마친 후 다시 호텔로 돌아와 아기들을 침실에 눕히고, 스파 받고 나른해진 몸으로 엄마들은 망고 & 망고스틴에 맥주를 한 잔씩 마셨다. 방콕에서의 깊은 밤, 이보다 더 행복할 수는 없다.

넷째 날,

♥ ♡ AM 9:00 기상

오늘도 일어나자마자 서로의 장난감을 탐내며 열심히 노는 아이들. 전체 일정을 루즈하게 잡고 오늘은 그냥 하루 종일 호텔에서 보내기로 했다.

♥ ♡ AM 9:30 아침식사

아침식사는 1층 조식당에서 했다. 레지던스라 별로 기대하지 않았는데 그에 비해선 꽤 조식이 잘 나왔다. 단, 르네상스 라차프라송과 겹치는 음식들이 많아 약간 아쉬움이 있었다. 조식당 내 에어컨 바람이 좀 세니 아기는 긴소매를 입히거나 속싸개 등을 가져가는 것이 좋다.

뷔페 메뉴 중 돌 전 아기가 먹을 수 있는 메뉴로는 오트밀, 흰죽, 두유, 야채수프, 메론 등의 과일이 있으며 모유보관팩에 넣어 간 이유식을 데워달라고 부탁하면 그릇에 담아서 가져다준다. 대형 체인 호텔에 비하면 가짓수가 조금 부족하다 싶긴 하지만 그래도 개인적으로는 나쁘지 않았다.

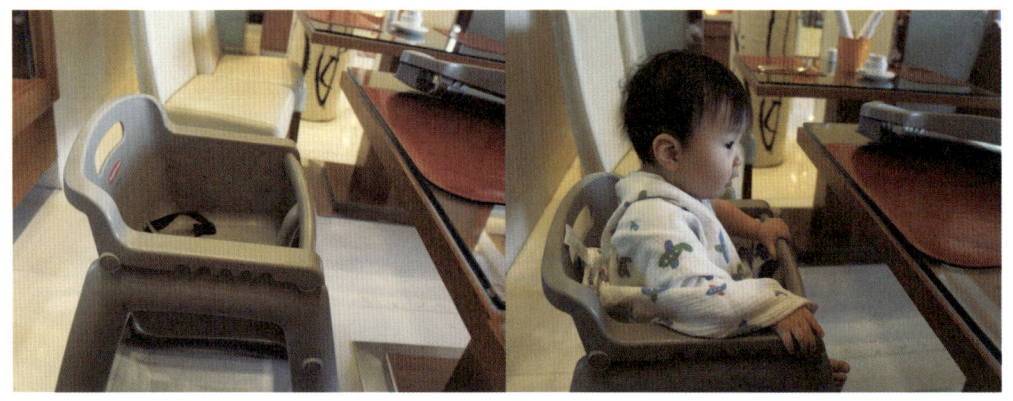

‡ 구비된 유아용 식탁 의자   ‡ 하준이도 한 자리 차지

‡ 오트밀   ‡ 간이 연한 수프

♥ ♡ AM 11:00 수영장 & 피트니스센터 체크

아침식사 후 물의 온도와 키즈풀 상태를 체크하러 갔다. 물도 생각보다는 많이 차지 않고, 아기들에게는 완전 햇볕 쨍쨍한 날보다 이렇게 살짝 흐린 날이 나을 것 같아 오늘을 두 아기의 첫 수영장 데뷔일로 결정했다.

이번에 묵었던 3군데의 숙소 중 가장 맘에 들었던 수영장이다. 수심이 얕은 키즈풀이 따로 있다는 게 큰 메리트였다.

‡ 안쪽에 있는 게 바로 아담하고 심플한 키즈풀

⁝ 수영장 옆 휴식 공간

키즈룸은 돌이 안 된 아기들에게는 좀 이르긴 하지만 2~3세만 돼도 잘 놀 수 있을 것 같다. 숙소 자체가 생긴 지 그리 오래되지 않아 키즈룸과 피트니스센터 등 내부 시설들이 전반적으로 관리를 잘해 놓은 듯한 인상이다.

♥ ♡ PM 1:00 수영장에서 물놀이

준비물: 유아용 튜브, 갈아입힐 옷과 기저귀, 배스타월, 물티슈, 분유, 물, 약간의 간식

낮잠에서 일어난 아기들을 데리고 본격적으로 물놀이 나갈 준비를 했다. 아기는 수영복+방수기저귀로 갈아입히고 엄마도 수영복으로 갈아입었다. 유아용 튜브, 갈아입힐 옷과 기저귀, 물티슈, 분유, 물, 약간의 간식을 준비하자. 배스타월은 거의 대부분의 호텔이라면 수영장에 비치되어 있지만 없을 경우에는 욕실에 있는 배스타월을 들고 가 물놀이를 마치고 나올 때 아기 몸을 닦아주도록 한다.

처음에는 물과 친해질 수 있게 엄마가 안고 물놀이를 즐기다가, 어느 정도 적응을 하고 나면 아기용 튜브 등을 이용해 같이 물놀이를 하도록 한다. 당연한 말이지만 단 1초도 아기에게 눈을 떼서는 안 된다. 물놀이는 조심 또 조심할 것! 한 번에 너무 오랫동안 물속에 있지 말고 10분 정도 놀다가 잠시 휴식하고, 또 10분 정도 놀고 휴식하는 등 아기의 컨디션을 체크하면서 무리하지 않도록 하자. 물놀이를 한 뒤에는 배도 고프고 갈증도 나므로 분유나 간식, 물 등으로 영양·수분을 보충해, 편하게 휴식할 수 있도록 한숨 재우자.

♥ ♡ PM 3:30 휴식 및 아기 목욕

수영했다가 놀면서 간식 먹었다를 반복하다 낮잠시간. 물놀이를 마친 후 대충 몸을 닦이고 마른 옷으로 갈아입히니 분유 한 통 마시고 낮잠. 아기가 자는 동안 엄마도 땡모반을 한 잔하며 휴양지를 즐겼다.

그것도 잠시 낮잠에서 깬 아기들을 데리고 방으로 들어가 물비누로 몸을 살짝 씻어냈다. 수영장물은 아무래도 소독물이니 일반 물로 한 번 헹궈주도록 하자.

♥ ♡ PM 5:30 점심 겸 저녁 식사

호텔 내 유일한 식당 '비스트로M'에서 식사를 했다. 마침 50% 할인쿠폰이 있어서 맘 편히 이것저것 다 시켜보았다. 여러 가지를 시켜 먹었으나 크게 감동이 남는 맛은 없다. 특히 이탈리안 음식은 일본이 워낙 맛있어서 그런지, 50% 할인된 가격이라 다행이지 원래 가격으로 먹기엔 좀 아까울 뻔했다. 역시 태국에서는 태국음식이 제일 맛있다. 이날은 수영으로 인해 엄마도 아기들도 피곤해, 나머지 시간은 방에서 아기들과 놀면서 휴식하고, 마무리했다.

비스트로 M에서 늦은 점심 겸 빠른 저녁식사

다섯째 날,

♥ ♡ AM 8:30 기상 및 아침식사

오늘도 아침식사는 조식당을 이용했다. 패밀리 위주의 숙소이다 보니 아기들이 많이 있어 부담감도 없고, 스태프들의 세심한 배려가 느껴져서 좋다. 아침식사를 마친 후에는 호텔을 산책하면서 휴식을 취했다.

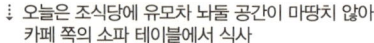
↕ 로비랑 조식당은 에어컨 바람이 세기 때문에 거즈 블랭킷 필수

↕ 오늘은 조식당에 유모차 놔둘 공간이 마땅치 않아
   카페 쪽의 소파 테이블에서 식사

270

새로 생긴 쇼핑몰 터미널21을 구경하기로 했다. 간편히 다니기 위해 아기띠로 움직였다. BTS로는 한 코스이며, 택시로는 10분 미만(약 100바트)이다. BTS를 탈 경우 유모차를 갖고 탈 수 있나 싶어 엘리베이터를 봤더니 잠겨 있었다. 엘리베이터를 이용하고 싶으면 '콜'하라는 내용의 안내문이 붙어 있었지만 버튼을 눌러도 응답이 없었다. 역시 유모차로 BTS를 타기에는 조금 무리가 있다.

실제로 태국 현지인들에게는 유모차 사용이 보편화되어 있지 않은 듯하다. 유모차를 사용하는 사람은 거의 관광객들이나 현지 거주 외국인들이었다. 그래서인지 유모차를 배려한 공공시설은 찾아보기 힘든 편이다.

터미널21

주소 88 Sukhumvit 19, Klong Toey Nua
TEL 02−108−0888
이용시간 10:00~22:00
교통편 BTS 아속 역 1번 출구와 연결
홈페이지 www.terminal21.co.th

↑ 택시승강장의 친절한 서비스

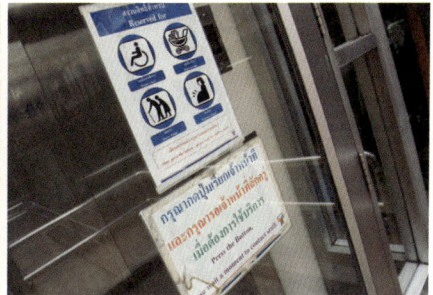

↑ 열쇠로 잠겨 있는 엘리베이터

쇼핑몰은 전체적으로 한국 동대문 쇼핑몰 같은 느낌에 각 나라의 콘셉트를 인테리어로 섞어 놓은 듯했다. 옷이랑 신발, 잡화 등등 한국풍인 곳도 많고, 가격도 한국과 그리 차이 나지 않는 것 같다. 굳이 여기서는 쇼핑하지 않아도 될 정도. 인포메이션 센터에서는 유모차 대여 서비스도 하고 있다.

1 이스탄불 테마
2 인포메이션 센터에서
  대여한 유모차

♥ ♡ PM 2:30 점심식사

식당가로 가서 쭉 둘러본 후 가장 마음에 든 식당에 들어갔는데 실망했다. 소파가 넓어 식사할 동안 아기는 장난감이랑 과자를 주면서 좀 달랠 수 있을 것 같아 골랐는데 예쁜 사진과는 달리 실제 나온 음식은 정말 성의 없었다. 고기는 다 식고 바싹 말라 있는 상태. 냉동식품을 전자레인지에 돌려준 듯한 맛이다.

사람이 별로 없던 데는 다 이유가 있었나 보다. 역시 사람이 많은 곳에 가야 실패할 확률이 적다. 식당가 외에 푸드코트도 있다. 가격대도 저렴하고 음식부터 디저트까지 종류가 다양하니 가볼 만하다. 그날 먹고 싶은 메뉴와 아기를 어떻게 케어할지에 따라서 레스토랑을 정하면 될 듯하다.

♥ ♡ PM 4:30 BTS로 아속 역에서 통로 역으로 이동

    택시를 타려고 하다가 차들이 전혀 움직이지 않는 것을 보고, BTS로 이동하기로 결정했다. BTS 통로 역에서 내려 약속장소인 스타벅스까지는 다시 택시로 이동했다(약 5분). 통로 역 스타벅스에서 커피 한 잔의 휴식시간을 가졌다.

    그리고 스타벅스에서 온수로 휴대용 젖병의 젖꼭지 세척을 부탁드리니 흔쾌히 씻어주셨다. 마침 손님이 없어서 부탁할 수 있었다. 사실 휴대용 젖꼭지를 몇 개나 들고 다닐 수도 없고 2개 정도 들고 다니면서 쓰는데 이렇게 장시간 외출 시 부족할 때는 유아휴게실 등에서 씻어서 쓰기도 하지만 고온수로 세척하는 게 더 좋다. 온수로 휴대용 젖꼭지를 세척할 수 있는 곳이 마땅치가 않으므로 이동 시 중간 중간 커피숍이나 음식점 등 고온의 온수를 사용하는 곳이 있을 때, 상황을 봐서 너무 바쁘지 않을 때 살짝 세척을 부탁드렸는데 대부분이 흔쾌히 다 들어주셨다. 태국 사람들이 대부분 아기를 좋아한다던데, 이런 부탁 외에도 분유 데우는 것 등 아기와 관련된 부탁은 대부분 다 흔쾌히 들어주셔서 너무 감사했던 순간이었다.

1 온수에 소독한 분유병 젖꼭지
2 오늘 엄마의 가방 안: 분유용 생수, 분유용 온수, 과자, 1회 용량을 소분류해 둔 분유통, 분유병, 기저귀, 물티슈.
   기본 짐이 이러니 가벼운 가방이 아니면 들고 다닐 수가 없다.

통로의 밤거리. 일본인 거리도 있고, 외국인도 많이 사는 세련된 동네

♥ ♡ PM 6:30 발마사지 1시간

통로 근처를 구경한 후, 시간이 애매해 근처에 있는 발마사지 숍에서 1시간 코스를 받기로 했다. 엄마가 발마사지를 받을 동안은 아기들은 과자도 먹고 (어쩔 수 없이) 휴대폰도 보고, 한번씩 엄마무릎에도 앉아 엄마를 기다려주었다. 발마사지 1시간이 정신없이

방콕 어디서나 볼 수 있는 발마사지 숍

지나갔다. 아기들을 케어하면서 마사지를 받는 것은 심신의 리프레시 효과가 떨어진다는 것을 실감한 순간이었다.

♥ ♡ PM 8:00 저녁식사

호텔에 도착하자마자 아기들은 저녁 이유식을 먹고, 잠이 들었다. 잠든 아기들을 유모차에 태우고 이제 엄마들 저녁 먹는 시간. 방콕에 여행 오는 사람이라면 누구나 한 번쯤은 다 들르는 유명한 타이시푸드 레스토랑 쏜통폰차나에 갔다. 호텔에서 도보로 10분 거리.

고급스럽고 깔끔한 것과는 거리가 멀지만, 착한 가격과 신선한 해물이 맛있는 곳이다. 가격도 비교적 저렴하고 뿌팟퐁커리도 정말 맛있다.

주소	2829-31 Thanon Phra Pam 4
예산	1인당 600~900바트 정도

♥ ♡ AM 12:30 호텔에서 하루 마무리

냄비에 물을 가득 붓고 팔팔 끓여 젖병과 젖꼭지를 소독했다. 일회용도 가지고 왔으나 원래 잘 먹던 젖병이 있어 밤잠 잘 때는 좋아하는 젖병에 담아준다. 역시 팔팔 끓는 물에 열소독을 하니 속이 다 시원하다. 이 일까지 다 마치면 엄마의 오늘 일과 끝~

여섯째 날,

♥ ♡ AM 9:00 기상 및 아침식사

일어나는 시간이 평소보다 조금 늦어졌다. 하지만 일정에 조바심 내지 않고 느긋하게 일어나 먹는 호텔식 아침식사도 여행의 즐거움이라 생각한다. 하준이는 처음으로 몽키바나나를 통째로 들고 먹었다.

♥ ♡ PM 12:00 엠포리엄 백화점과 쇼핑

이것저것 현지에서 사용할 물건들을 사기 위해 오전 중에 툭툭이를 타고 엠포리엄 백화점에 들렀다. 방수기저귀를 구입하려고 했는데 엠포리엄도 그렇고 시암 파라곤도 그렇고 웬만한 백화점에서는 판매하지 않는다. 워낙 관광객이 많은 곳이라 당연히 팔겠지 싶어 준비를 안 해갔다가 곤란했던 상황. 스쿰빗 근처의 일본식 슈퍼마켓에서 겨우 구입했는데, 가능하면 한국에서 준비해서 가는 것이 좋다.

엠포리엄 백화점 바로 왼쪽 편에 위치한 나라야는 사실 한국에서 유행이 한풀 꺾인 브랜드다. 하지만 기저귀가방으로 쓰거나 여름에 간단한 손가방으로 쓰기에 괜찮은데 가격이 착해 더욱 매력적이다. 지인들이나 가족들 선물로 부담 없이 하나씩 사기에 좋다.

♥ ♡ PM 3:00 체크아웃 후 세인트 레지스 호텔로 이동

여자들끼리 여행인데 아기에 짐까지 많아서 체크아웃할 때는 항상 분주하다. 카운터에 전화해서 체크아웃을 위한 짐을 옮겨달라고 연락하면 직원이 와서 짐을 옮겨 택시까지 실어준다. 감사의 의미로 약간의 팁도 잊지 말자.

그리고 호텔 이동 시 호텔명이나 주소가 영문일 경우 택시기사님이 잘 모를 때가 많다. 아마도 같은 영어라도 태국어 발음이 조금 다른 듯하다. 호텔 직원이나 리셉션 데스크에 다음 이동할 호텔을 이야기하면 그들이 택시기사님께 말해 주므로 이쪽을 이용하는 것이 더 정확하게 다음 호텔로 이동할 수 있는 방법이다.

혹시라도 택시기사님이 길을 헤매거나 호텔을 정확히 모를 상황에 대비하여 호텔 주소 밑에 전화번호라도 적어둘 것!

♥ ♡ PM 3:30 세인트 레지스 호텔 체크인

스타우드 호텔 계열 중 가장 하이 레벨인 세인트 레지스. 세인트 레지스 방콕은 오픈한 지 얼마 되지 않은 핫한 호텔 중 하나이다. 그리고 그 명성에 걸맞게 우리도 이번 여행의 숙소 중 가장 비쌌지만 가장 만족스러웠던 호텔이었다.

포터서비스를 이용하니 짐을 가져다주는 것은 당연한 것이지만, 체크인 때부터 직접 룸까지 안내해주며 기저귀 가방까지 대신 들고 가주는 감동 서비스.

세인트 레지스에서는 단순히 매뉴얼적이고 물리적인 서비스가 아니라 진심으로 고객을 위한다고 느껴지는 질 높은 서비스로 있는 내내 기분 좋은 스테이를 할 수 있었다. 체크인부터 체크아웃할 때까지 불만 하나 생기지 않았을 정도로 세심한 서비스에 감동하고 또 감동했던 숙소.

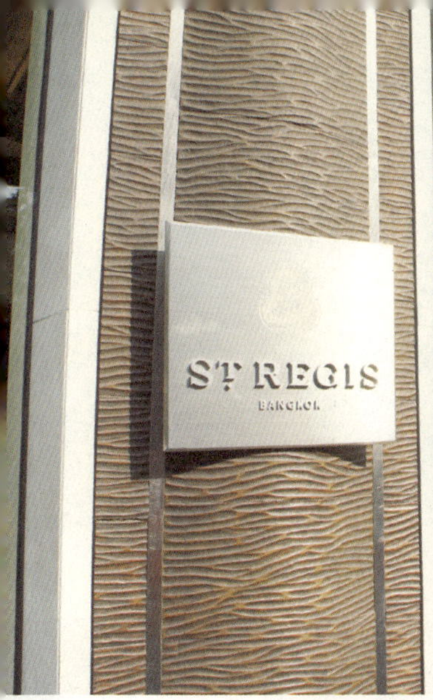
ST REGIS
BANGKOK
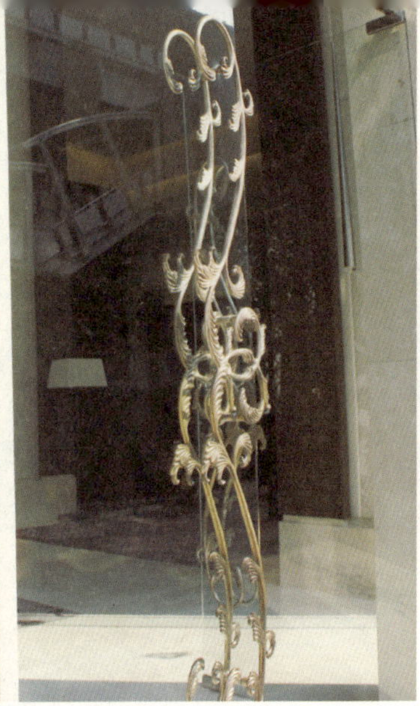
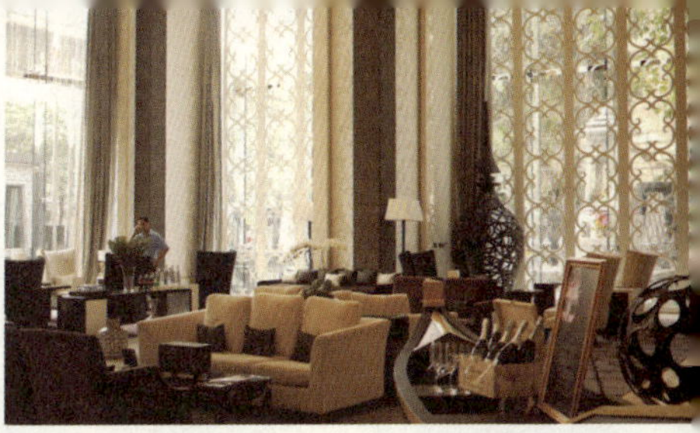
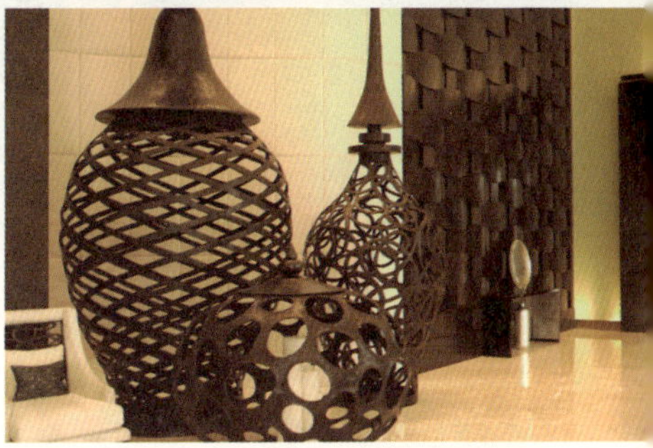
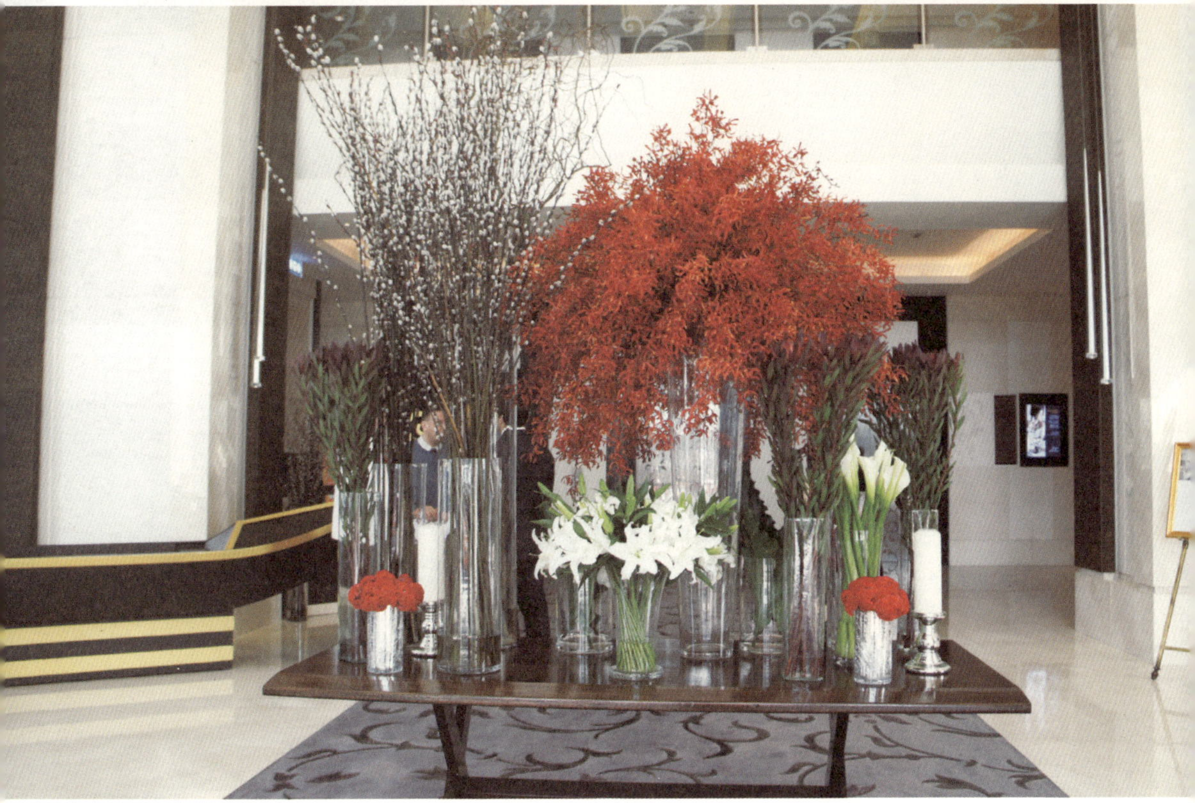

그랜드 디럭스룸

기준인원 2인 / 최대인원 성인 2인+아이 2인
킹 베드 1개, 엑스트라 베드 이용 문의, 아기침대
1개 이용 가능

화장실은 통유리가 아닌 나무 슬라이딩 도어

조금 아쉬웠던 아기침대　　　　아기용 어메니티로 존슨즈 베이비 시리즈　　　　아기욕조

　　고급스럽고 우아한 실내와 욕실, 아기들이 편하게 놀 수 있는 넓은 바닥. 스튜
디오 타입이었지만 어른 둘, 아이 둘이 움직이기에 전혀 좁게 느껴지지 않았다.
다만 사전에 요청한 아기침대가 이왕이면 원목이나 조금 더 고급스러웠다면 좋
았을 텐데 그 점이 조금 아쉬웠다. 이불과 베개 등의 침구도 아기용은 따로 구비
되어 있지 않다.

　　다행히 아기가 원래 쓰던 베개를 가져가서 그 베개를 사용하고(밤에 깨서도 낯
설지 않도록 일부러 좋아하는 베개를 가져갔다) 이불로는 가지고 간 속싸개를 덮어주
었다. 아기와 숙박하는 경우는 아기 전용 어메니티와 욕조도 준비해준다.

아기 분유 물이 다 떨어져서 혹시 호텔에 볼빅이 준비되어 있는지 물어보니 따로 준비된 것은 없고 메신저 서비스를 이용하면 필요한 것을 사다준다고 한다. 메신저 서비스 비용은 '수고비 200바트+실비'다. 특급호텔에서 이렇게 저렴한 심부름 서비스라니. 이 메신저 서비스를 이용해서 대형 볼빅 생수를 2통이나 확보했다. 사실 사서 들고 오는 것만 해도 무거운데 방까지 가져다주니 이 얼마나 감사하고 멋진 서비스인가. 단, 버틀러 서비스 등 각종 서비스를 이용할 때는 약간의 팁을 준비하자!

그리고 호텔 예약 시에 아기들의 한 살 기념 여행이라고 이야기했더니, 아기들에게 세인트 레지스 리본을 맨 테디 베어 하나씩과 케이크를 생일 선물로 가져다주었다. 이런 서프라이즈 선물도 정말 감동이었다. 생일 케이크는 당연히 엄마들 몫!

The ST. Regis Bangkok ★★★★★

주소 159 Rajadamri Road Bangkok, 10330

TEL 02-207-7777

체크인 15:00~ / **체크아웃** 12:00

예산 디럭스룸 1박당 30만 원선

홈페이지 www.stregis.com

부대시설 수영장(키즈풀 없음), 사우나, 스파, 피트니스센터, 비즈니스센터, 베이비시터 서비스 (시간당 200바트, 최소 4시간 이상 이용 조건, 심야 택시비 추가 부담)

버틀러 서비스를 이용한 티타임. 몇 가지 메뉴 중 선택할 수 있고, 시간이 조금 걸리니 여유를 두고 주문할 것

♥ ♡ PM 5:30 랑수안 로드

　짐을 대충 챙긴 후, 유모차로 걸어서 가기에는 조금 무리가 있다고 해서 택시를 타고 랑수안 로드로 갔다. 나중에 걸어서도 가봤는데 충분히 걸어갈 수 있는 거리이다. 호텔에서부터 샛길을 이용해 약 10분 정도, 유모차가 있다면 20분 정도면 충분하다. 하지만 랑수안 로드 역시 길 포장상태가 그리 좋지 못해 유모차로 가기에는 조금 무리가 있다.

크레페앤코 ★★★★

주소 59/4 Soi Langsuan, (Langsuan Soi 1) Ploenchit Road, Lumpini, Patumwan Bangkok. 10330

TEL 02-726-9398

이용시간 09:00~24:00(쏭크란 축제 기간 휴무) 주말엔 예약 필수

홈페이지 www.crepes.co.th

예산 약 450바트

　　랑수안 로드를 따라 10분 정도 가면
나오는 크레페앤코, 크레이프 전문점.
큰 소파가 있는 좌석이 다행히 비어 있
어 아기들도 소파에서 놀고 편하게 먹
을 수 있었다. 크레페의 맛보다는 분위
기에 강한 곳이라는 게 개인적인 느낌
이었다.

♥ ♡ PM 7:00 호텔로 이동

호텔로 돌아와 아기들도 이유식으로 저녁식사를 했다. 시판용 이유식은 세면대에 뜨거운 물을 받아 잠시 넣어두면 꽤 따뜻해진다. 따로 준비해 간 이유식 용기나 혹은 룸서비스로 용기를 받아 사용하면 된다.

아기들을 재워 놓고, 멋진 방콕 야경을 안주 삼아 맥주 한 잔씩 하면서 엄마들은 수다 삼매경에 빠졌다. 이제 여행도 거의 막바지에 접어들었다.

⋮ 마룻바닥에서 잘 노는 아이들

⋮ 세면대에서 데우고 있는 시판용 이유식

일곱째 날,

♥ ♡ AM 9:3ο 기상 및 아침식사

    가기 전부터 세인트 레지스의 조식은 많은 사람들이 극찬했다. 기대가 크면 실망도 큰 법이라지만 우리의 높아진 기대에 100% 부응해 주었던 최고의 조식이었다. 음식 하나하나에 정성과 세련미, 고급스러움이 느껴져 행복한 식사를 할 수 있었다.

    좀 늦게 간 데다 아기들 이유식을 먹이고 밥 먹으려니 시간이 조금 아쉬웠다. 세인트의 조식당 역시 에어컨이 좀 센 편이다. 가능한 한 긴소매 카디건이나 거즈 블랭킷을 가지고 갈 것.

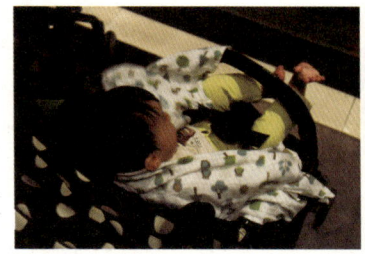  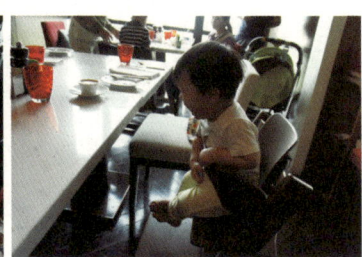

과일과 샐러드 코너

즉석 쌀국수 코너

베이커리 & 디저트 코너

신선하고 맛있었던 생과일주스. 세인트 레지스에서의 아침식사는 늘 땡모빤으로 시작

♥ ♡ AM 11:30 수영장과 스파

따로 키즈풀은 없었지만 물이 그렇게 차지 않아서 수영해도 될 만하겠다 싶어 오늘 오후는 수영장에서 놀기로 결정했다.

피트니스 & 수영장

키즈풀이 별도로 없는 점이 조금 아쉽긴 했지만, 아기랑 같이 물놀이하는 것에 불편은 없었다. 쉬는 공간에 넓은 좌식 소파가 있어서 아기랑 같이 쉬고, 아기 낮잠 재우기에도 좋았다.

스파 – Elemis

숙박객은 스파 시설을 무료로 이용할 수 있다. 물론 유료 마사지 프로그램은 따로 있고, 무료는 자쿠지 이용과 샤워, 사우나를 할 수 있는 정도다. 어린 아기와의 동반은 불가능한 어른들의 공간. 우리는 스파가 너무 좋아 베이비시터에게 아기들을 맡기고 2번이나 이용했다.

스파 내의 모든 헤어 · 바디 케어 제품은 Elemis 제품이며, 배스타월과 가운, 미네랄워터가 구비되어 있으므로 가볍게 몸만 가면 된다.

♥ ♡ PM 2:00 수영장에서 물놀이

며칠 전에 한 번 물놀이를 해 봐서 그런지 더 잘 노는 것 같다. 엄마도 한 번 준비물도 챙겨 봐서 좀 더 여유가 생겼다. 너무 힘들지 않도록 아기 컨디션을 체크하면서 즐기기!

재미있게 물놀이를 마치고는, 수영장 옆 휴게공간의 넓은 소파에 누워 낮잠 자는 중

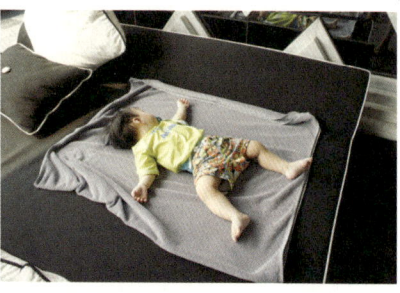

♥ ♡ PM 3:30 점심식사

아기들의 낮잠 시간을 이용해 엄마들은 풀바에서 점심을 시켜 먹었다. 여기서는 태국 현지식보다 샌드위치 등 서양식이 더 맛있다. 가격은 역시 6성급 호텔치고 꽤 저렴한 편이다.

아기들 낮잠시간이 엄마들 점심시간

♥ ♡ PM 5:00 베이비시터

룸으로 돌아와서 베이비시터 서비스를 신청했다. 베이비시터 1명이 아기 2명을 보면 조금 더 저렴하긴 했지만 애들 자는 시간이 비슷비슷해서 한 명이 깨면 둘이 동시에 깨서 보챌 가능성이 많아 안전하게 각각 1명씩 부르기로 했다.

사실 외국에서 모르는 사람에게 아기를 맡긴다는 게, 조금(사실은 많이) 불안하기도 했지만, 지명도 있는 호텔을 통해 이용하는 서비스이니 믿고 맡기기로 했다. 그리고 기본적으로는 아기들이 밤잠 자는 시간인 데다 아직 크게 낯을 가리는 시기도 아니라 아기에게도 베이비시터에게도 큰 부담은 되지 않을 거라고 생각했다. 약속한 시간이 되자 프런트에서 베이비시터가 도착했다고 전화가 왔고 올려 보내 달라고 하니 20대의 대학생으로 보이는 현지인 아가씨 두 명이 방으로 올라왔다.

베이비시터 전문 파견회사 유니폼 같아 보이는 옷을 입고 있긴 했지만 어린 아가씨들이 아기들을 잘 돌볼 수 있을까 걱정이 되었는데, 아이들과 노는 방법, 재우는 방법, 아기띠 하는 방법에 대해 이야기해 주니 금방 알아듣고 캐치했다. 그래도 아기들을 돌본 경험은 꽤 있어 보여 마음이 조금 놓였다.

기본적인 커뮤니케이션은 영어로 하고, 표현이 어려운 건 직접 시범을 보여주니 어떻게든 의미는 전달이 되는 것 같다. 한 시간 정도는 베이비시터랑 같이 아기들과 놀아주고 밥 먹이는 법도 알려주고, 자는 시간도 알려주면서 시간을 보냈다.

베이비시터 이용비용은 얼마나 될까?

우리의 이용시간: 17:00~23:00
200바트 ×6시간 = 1,200바트(미니멈 4시간 이상이 조건)
10시 이후 야간 귀가 시 택시비 300바트 추가해,
총 1인당 1500바트(약 56,000원)에 6시간 베이비시터 서비스를 이용할 수 있다. 정말 태국이기에 가능한 너무 매력적인 가격이다.

비용을 호텔 비용에 같이 포함시켜 정산하는 경우 5%의 호텔 수수료가 발생하지만 신용카드로 결제 가능하며, 현금으로 베이비시터에게 직접 주는 것도 가능하다. 약속된 시간 이후라도 별일이 없으면 시간 연장을 할 수 있고 스태프들은 간단한 영어가 가능하다. 호텔과 연계된 베이비시터 전문 회사에서 파견을 오게 되며, 모두 베이비/키즈 케어의 트레이닝을 수료한 스태프들이라고 한다.

♥ ♡ PM 6:00 Elemis 스파

아이들을 맡기고 엄마들끼리 스파를 즐겼다. 방문을 나서기 전까지만 해도, '정말 우리 아기들이 괜찮을까?', '엄마가 없어서 울지는 않을까?', '저 베이비시터들이 이상한 사람들은 아니겠지?' 별의별 걱정이 다 들었는데 호텔 스파로 딱 들어서자 갑자기 온몸의 긴장이 풀리기 시작했다. 그리고 이렇게 엄마도 좀 쉬어야 애들도 또 열심히 키울 수 있는 거라고 스스로에게 변명하듯 말했다. 오랜만에 아기들 없이 엄마들끼리 호텔 스파에서 여유롭게 목욕하는 그 기분이란. 이건 글로 적으면 안 된다. 직접 경험해 봐야 알 수 있다.

기본적으로 수건과 가운, 미네랄워터를 준비해 준다. 따끈한 자쿠지에서 몸을 풀고 잠시 사우나를 한 뒤 Elemis 제품으로 머리 감고 샤워하고 나오는 정도이지만, 정말 제대로 된 힐링타임이었다.

♥ ♡ PM 7:00 시로코

시로코 & 스카이바(Sirocco & Sky Bar) ★★★★★

주소 1055 Thanon Silom & Thanon Charoen Kugn, State Tower 63F

TEL 02-624-9555

이용시간 18:00~01:00(Last Order: 23:30)

교통편 BTS 싸판탁신 역 4번 출구에서 도보 10분

예산 모히토와 각종 칵테일 600~700바트

　스파를 마치고 잠시 방에 올라가 아기들을 보니 이유식을 먹고 기분 좋게 놀고 있었다. 베이비시터들도 곧 재우면 될 것 같다고 했다. 그래서 안심하고 시로코로 이동하기 위해 밖으로 나왔다. 호텔 벨보이에게 이야기하면 택시를 불러준다.

　내내 기저귀가방만 들고 다닌 터라 이 기회에 꽃단장하고 나가야 한다. 하늘에서 내려다보는 방콕 시내 야경도 정말 멋졌지만, 최근 2년간 임신과 출산, 모유 수유, 육아 등으로 바 근처에도 가지 못했는데 여자들끼리 방콕의 밤하늘 아래에서 2년 만에 마시는 모히토의 맛이 정말 일품이었다.

　방콕에서 시로코는 꼭 와 봐야 하는 장소! 64층 높이의 톱루프 레스토랑으로 멋진 방콕의 야경을 즐길 수 있는 곳이다.

식사하기에는 비용이 만만치 않지만, 칵테일 한 잔 정도는 부담 없이 즐길 수 있다.
재즈 선율과 함께 알코올을 한 잔 하니 모든 것이 행복해지는 밤이다!

♥ ♡ PM 9:00 아시아티크 야시장

    시로코를 떠나기 아쉬웠지만 우리에게 주어진 시간은 정해져 있고, 최대한 그 시간을 활용해야 했기에 남은 시간은 아시아티크로 가기로 했다.

    아시아티크로 가는 선착장이 근처에 있어서 최대한 효율적인 동선으로 움직일 수 있었다. 사톤 선착장에서 아시아티크 전용 배를 타고 약 15분 정도 걸린다. 아시아티크는 야시장이라고 하기엔 너무 로맨틱했다.

배를 타고 강을 건너와서 그런지, 알코올 한 잔 때문인지 로맨틱하게 느껴진 아시아티크. 사실 쇼핑할 건 많이 없었다. 아이템은 약간 동대문 느낌인 데다 터미널21에서 팔던 것들과 많이 중복됐다.

그러나 잘 찾아보면 곳곳에 독특한 가게들도 많고 재미있는 상점들도 있으니 천천히 구경해보면 좋을 것 같다. 도로 상태도 좋기 때문에 콤팩트하게 접히는 휴대용 유모차라면 가지고 움직여도 좋다(배를 타야 하므로 아기띠도 필수). 다만 아기와 함께 배를 타야 한다는 부담감과 야시장이라 밤에 아기를 데려와야 한다는 점이 있지만, 오픈하는 시간인 조금 이른 저녁시간 정도면 괜찮을 듯하다.

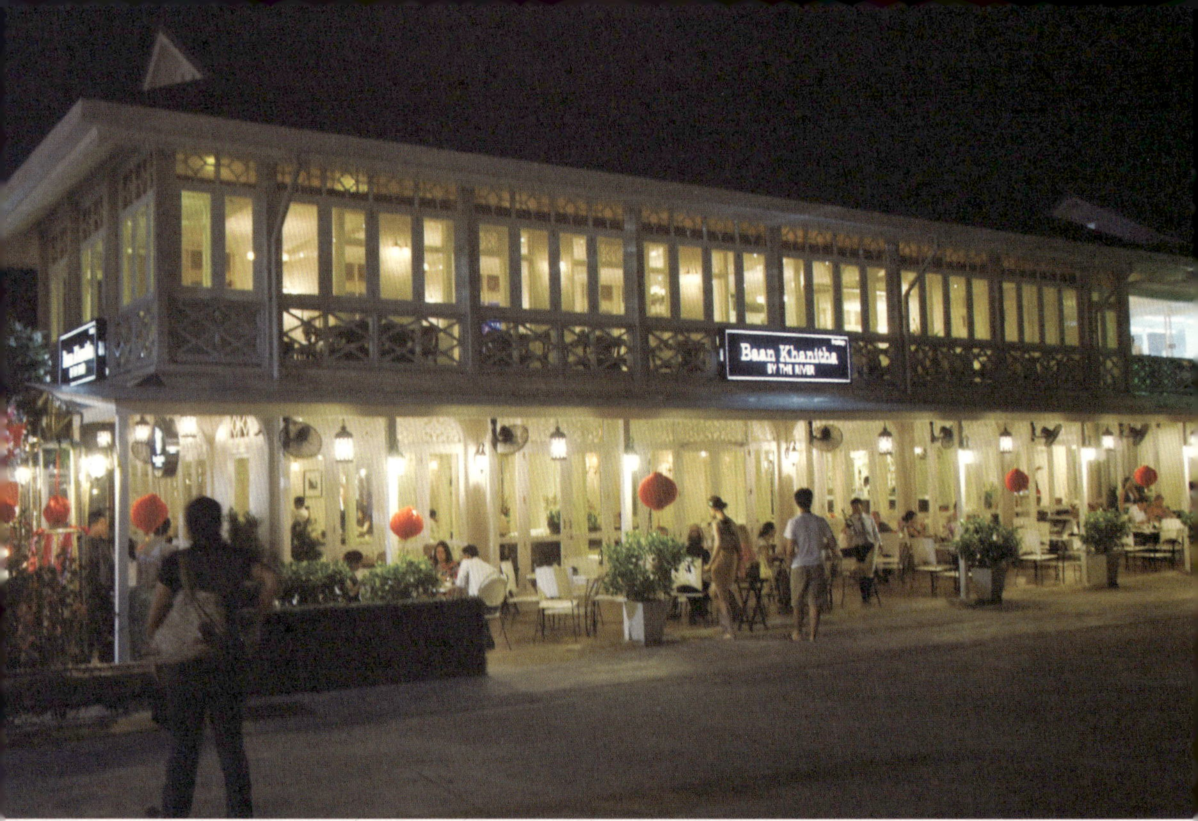
Baan Khanitha
BY THE RIVER

XO XO

Kiss Me Doll

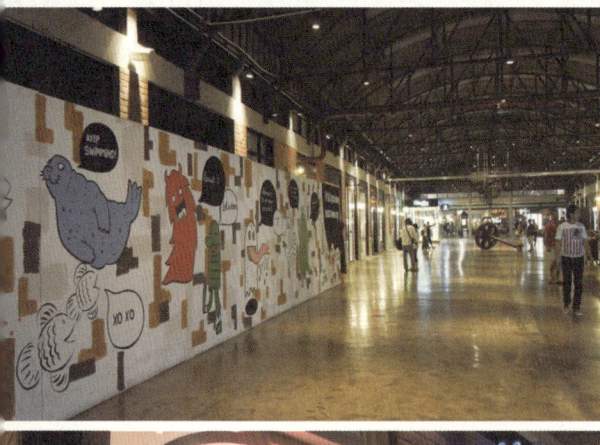

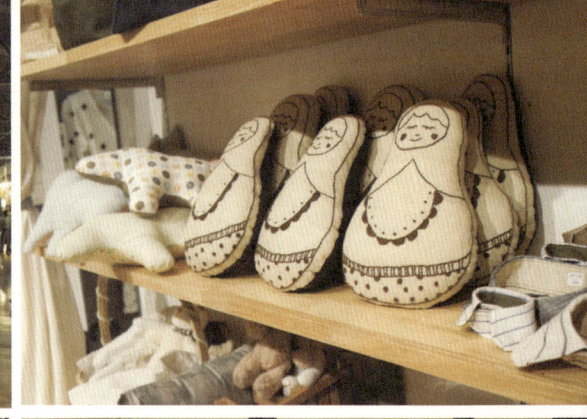

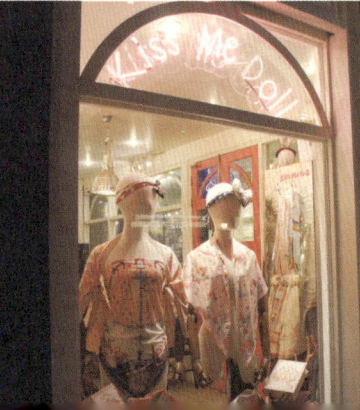

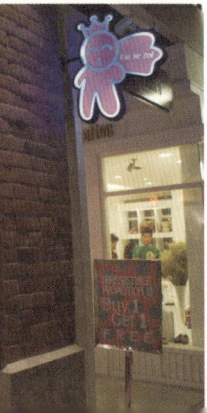

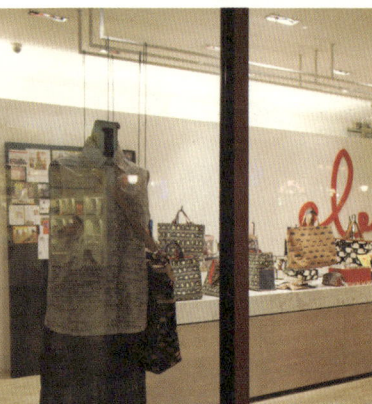

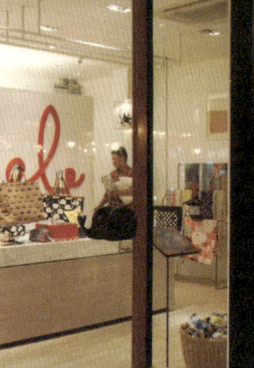

요즘 한창 유행인 에스파듀 스타일의 가족 커플 신발을 구매했다. 방콕에서 신발을 살 때는 한국과 사이즈 단위가 다르므로 신어 보고 사는 거라면 상관없지만, 선물이라면 미리 확인하고 가는 것이 좋다.

♥ ♡ PM 11:00 호텔 도착

툭툭을 타고 호텔로 돌아왔다. 옷차림은 리무진 정도는 타줘야 할 듯했으나 왠지 툭툭이 타고 싶었다. 한밤중에 툭툭으로 시내를 누비는데 그 매콤한 매연 냄새가 왠지 싫지 않았다. 조금 더 타고 싶었지만 현실로 돌아온 우리는 아기엄마! 신데렐라처럼 11시 땡 맞춰 룸에 도착하니 아기들은 이미 쿨쿨 밤잠을 자고 있다. 다행히 우리가 없는 동안 아기들은 별 일 없이 밥도 잘 먹고 잘 잤다고 한다. 이유식 먹은 시간과 분유 먹은 시간, 기저귀 갈아 준 시간, 몇 시에 잠들었는지 등 일과를 모두 메모해 전달해 주니 더 안심이 된다.

베이비시터 언니들도 순하고 착해 보여 내일도 오전부터 와달라고 부탁했다. 베이비시터 서비스는 한 번 이용하고 나니, 왜 진작 안 썼을까 후회가 될 정도로 정말 좋았다.

꼭 엄마가 외출하지 않더라도, 짐을 들어주거나 같이 쇼핑을 하거나 할 때도 정말 편하다. 하지만 베이비시터 서비스를 사용한다고 해서 너무 많은 부분을 요구하거나 맡기지 말고 가능한 한 아기들이 자는 시간을 이용해서 자는 동안 봐 주는 정도로 생각하면 무난할 것 같다.

여덟째 날,

♥ ♡ AM 8:00 기상 및 아침식사

아기들은 아침부터 일어나 장난감 쟁탈전을 벌였다. 어제 좀 아쉽게 식사를 했던 터라 오늘은 작정하고 예정보다 일찍 조식당으로 갔다. 그래도 아기들 이유식을 챙겨 먹이다 보니 또 시간이 훌쩍 지나갔다.

어제 과일 그냥 먹였다가 새 옷에 과일물이 여기저기 다 묻어 번졌기 때문에 오늘은 완전 무장을 시켰다. 어제에 이어 수박을 주니 잘 먹는다.

♥ ♡ AM 9:00 베이비시터 도착

베이비시터가 도착했다고 연락이 왔다. 베이비시터 뒤에 후광이 보일 정도로 반가웠다. 얼른 애들 데리고 올라가 베이비시터랑 배턴 터치! 우리는 조식당에서 나머지 시간에 여유롭게 식사를 했다.

예전에는 너무 당연해서 감사한지도 몰랐는데, 엄마가 되면서 아주 사소한 일에도 쉽게 감사한 마음을 갖게 된다. 밥 먹을 때 혼자 먹는 게 얼마나 감사한지, 제대로 앉아서 음식 맛을 음미하면서 먹을 수 있다는 게 얼마나 행복한 일인지

돌쟁이 아기엄마 정도가 되면 절실하게 와 닿는다. 식후 쌉싸름한 라테 한 잔을 즐기는 순간이 정말 행복했다.

♥ ♡ AM 10:00 또 스파

어제 했던 스파가 좋아서 오늘 한 번 더 즐기기로 했다. 더군다나 숙박객 무료 서비스이니 이런 건 빼먹지 말고 즐기자!

♥ ♡ AM 11:30 걸어서 랑수안 로드

체크아웃하기 전까지의 시간을 알차게 보내고 싶어서 랑수안 로드로 달려 갔다.

창 마사지에서 타이마사지 1시간. 이것으로 태국 와서 전신 스파, 발마사지, 타이마사지 모두 다 알차게 체험한 셈이다.

♥ ♡ PM 1:00 짐 정리 & 체크아웃

짐을 정리하며 체크아웃할 준비를 했다. 짐 정리 후 프런트에 연락해 짐을 들어달라고 부탁하면 호텔 직원이 올라와 짐을 로비까지 옮겨 준다. 나중에 시암 파라곤의 고메 마켓에서 소스 등 먹거리 쇼핑을 할 예정이라 짐은 일단 프런트에 저녁까지 맡기기로 했다.

체크아웃을 준비하는 동안 저렇게 교대로 하준이를 봐 주시던 프런트 스태프들. 미소만 봐도 마음에서 우러나는 서비스를 느낄 수 있었다.

체크아웃을 한 뒤, 베이비시터들에게 점심 먹고 오라고 하고 우리는 호텔에서 애프터눈 티를 즐겼다. 참고로 베이비시터 점심 먹는 시간도 당연히 시급에 포함되며 점심 값을 따로 챙겨주는 게 매너이다. 점심 값으로는 200바트 정도면 적당하다고 한다.

애프터눈 티는 맛보다는 분위기가 좋았다. 다른 특급호텔들의 애프터눈 티가 워낙 퀄리티가 높아서인지 살짝 아쉬웠다.

♥ ♡ PM 4:00 시암 파라곤으로 이동

베이비시터와 만나 한 팀씩 택시로 시암 파라곤 내의 고메 마켓으로 이동했다. 식품 코너에서 지인들 줄 선물과 양념 구입. 현지인인 베이비시터들의 조언을 얻으며 쇼핑을 할 수 있어 더욱 알찼다.

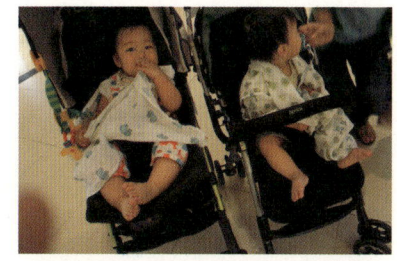

♥ ♡ PM 6:30 저녁식사

시간이 없어 지하에 있는 푸드코트에서 이것저것 사와 베이비시터와 같이 저녁식사를 했다.

♥ ♡ PM 7:30 공항으로 출발

일단 호텔로 돌아와 체크아웃할 때 맡겼던 짐을 찾고 베이비시터와는 여기서 인사를 했다. 서비스에 만족했다면 약간의 팁을 잊지 말자!

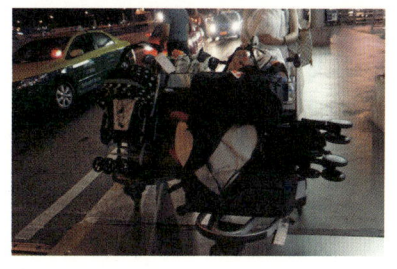

호텔에서 공항까지는 택시로 이동했다. 짐이 너무 많다 보니 트렁크가 안 닫혀 트렁크 문이 반쯤 열린 채로 달리는 스릴까지 즐겨야 했다. 짐이 많을 경우는 처음부터 일반 택시가 아닌 밴 택시를 요청해서 부르는 게 안전할 듯하다.

공항에서는 티케팅과 출국심사 시 아기가 있으면 먼저 처리해준다. 관광객이 많다 보니 줄이 매우 길게 늘어서 있는데 이런 서비스는 역시 아기들을 배려해주는 태국답다. 이런 점들 때문에 더더욱 아기와 함께하기 좋았던 여행이다.

아홉째 날,

♥ ♡ AM 7:00 공항 도착

　이렇게 모든 여행 일정을 마치고, 무사히 집으로 돌아왔다. 다행히 아기가 크게 아픈 곳 없이 잘 놀고 잘 따라와줘 매우 고마웠던 여행. 태국을 여러 번 가봤지만 그때마다 참 색다른 매력을 느낀다. 태국요리를 좋아한다는 것도 큰 이유 중 하나지만, 태국은 가도 가도 질리지 않을 것 같고, 정기적으로 여행을 가고 싶은 나라 중 하나다.

　아기가 없을 때 남편이랑 둘이서 간 태국과, 아기와 함께 가서 느낀 태국은 또 차이가 있는 것 같다. 아이가 어릴수록 좀 더 조심스러워지고 여행 일정이 제한적이 된다. 하지만 반대로 이야기하면 처음부터 무리한 여행은 할 수 없다는 걸 알고 가니까, 욕심을 조금 내려놓을 수 있었고 그래서 오히려 여유 있는 시간을 즐길 수 있었다. 원래 맛집과 관광지 등 가보고 싶은 곳이 항상 너무 많아서 여행 가면 더 바빠지곤 했는데 새로운 여행의 방법을 깨닫게 된 것 같다. 그동안 나는 여행을 너무 계획적이고 전투적으로 했었는지도 모른다. 이번에는 하루 단위의 스케줄이 아니라, 2~3일 동안의 스케줄 정도만 만들어서 하루하루 아이의 컨디션에 맞추어서 움직였다. 어느 정도 계획적이면서도 '즉흥적인 자유의 즐거움과 여유'를 느끼게 해주는 또 다른 여행 방법의 발견이었다.

　그리고 당연한 말이지만 꼭 이 책에 적혀 있는 일정대로 여행할 필요는 없다. 이 책을 읽으며 내가 했던 여행을 시뮬레이션해 보고 간접 경험해 보는 정도가 되면 좋을 것 같다. 가고 싶은 곳도, 하고 싶은 것도 많은 여행이지만 아기와 같이 가는 여행, 아기와 함께 행복한 시간을 보내기 위해 가는 여행이니 만큼 아기의 컨디션과 안전에 가장 큰 관심을 쏟고 또 아기의 성장에 맞춰 아기와 엄마, 아빠 모두 즐거운 여행을 할 수 있다면 가장 좋은 여행 아닐까.

방콕에서 살고 있는
3남매 엄마에게
묻다

Q. 자기 소개 부탁드립니다.

뜨거운 태양의 나라 태국. 요즘 여러 가지 사정으로 잠시 주춤하긴 하지만 여전히 인기 있는 관광지 중 하나로 꼽히는 수도 방콕에서 귀여운 악동 삼남매를 키우고 있는 열혈 한국 엄마입니다.

Q. 방콕에서 아기와 가기에 가장 좋은 장소는 어디인가요?

아이의 연령에 따라 다르겠지만, 더운 나라이니 백화점이나 쇼핑몰을 추천합니다. 그중에서도 시나카린에 위치한 시컨스퀘어라는 곳을 추천하고 싶네요. 종합쇼핑몰인데 한때는 동양 최고의 쇼핑몰이라는 타이틀도 가졌던 곳이죠.

그 안에 요요랜드라는 실내 미니 놀이동산이 있는데 아이들이 시원하게 즐길 수 있어서 좋습니다. 특히 근래 마련된 'I Want Be' 코너는 한국의 키자니아와 같은 곳으로 직업체험을 할 수 있는 곳입니다. 가격도 완전 착한 220바트 쿠폰을 사면 직업체험 2가지(당일), 무료 놀이기구 3개, 놀이기구 10바트 할인 3회(정해진 기간 내)를 이용할 수 있어요.

여자 어린이들이라면 모델 체험을 추천해드려요. 아이들이 정말 좋아한답니다. 여자 아이들의 워너비인 공주로 변신해서 모델 워킹을 하고 사진도 찍을 수 있어요. 무료 사진도 주고, 유료로 더 인화도 가능해요.

요요랜드에서 놀다가 같은 층에 위치한 각종 식당에서 식사를 해결하고, 로빈슨이라는 백화점에서 쇼핑도 가능합니다. 장난감이 다양해요. 단점이라면 쇼핑몰 내 수유실이 없다는 점이네요.

그 외 추천하는 실내공간이에요.
- 파라곤 백화점: 수유실, 수족관, 유모차 대여, 어린이 놀이시설
- 메가 방나: 이케아 무료 1시간 이용가능 실내 놀이터, 키즈카페, 이케아 내 수유실, 유모차 대여, 어린이 놀이시설

Q. 방콕을 여행하기에 가장 좋은 시기는 언제인가요?

아무래도 건기인 11~2월이겠죠. 단점이라면 성수기라 호텔의 숙박료가 비싸다는 점을 들 수 있습니다. 아주 더운 여름철만 아니면 언제든지 괜찮은 곳이 방콕이에요.

Q. 아이와 함께 가기 좋은 방콕 맛집을 소개해주세요.

이곳은 현지인에게 인기 있는 레스토랑인데요, 수쿰윗 59-61 사이에 '봉주르'(http://www.bonjourbangkok.com)라는 프렌치 식당입니다. 아무래도 아이들이랑 같이 가면 완전 밀폐된 실내보단 오픈된 실외 공간도 있는 곳이 좋은데 여기가 딱 그런 곳이에요. 거기에 백조와 공작 등 아이들에게 볼 만한 것들도 있습니다. 시간만 맞다면 공작이 꼬리 펴는 것도 볼 수 있는데 아이들이 굉장히 좋아해요. 그리고 일요일도 가능한 런치메뉴가 299바트로 합리적인 가격대로 프렌치를 즐길 수 있어요!

Q. 아이와 함께 방콕 여행을 준비하시는 분들께 한마디 해주세요.

태국 사람들은 아이들을 무척이나 좋아해요. 아마 어딜 가시든 뽀얀 피부와 예쁜 스타일 때문에 태국인들의 관심을 많이 받으실 거예요. 그만큼 아이들을 좋아하고 배려가 깊은 곳이니 걱정 말고 오세요. 대중교통을 이용해 보시면 얼마나 아이들에 대한 배려가 깊은지 아실 수 있을 거예요. 노인들에게 자리 양보는 안 해줘도 아이들과 임신부들이 타면 바로 자리를 양보해준답니다.

저도 연년생 아들들 어릴 때 둘을 데리고 유모차까지 들고 시내버스를 탄 적이 있는데 안내원과 버스 승객들이 아이들과 유모차를 다 내려줘서 걱정 없이 버스를 타고 다녔어요.

Q. 아기와 방콕 여행, 나만의 여행 Tip을 소개해주세요.

방콕은 덥긴 하지만 실내에 들어가면 에어컨 시설이 잘되어 있어서 냉방병에 걸리기 쉽답니다. 실내와 바깥의 온도차가 크기 때문에 늘 얇은 카디건이나 점퍼를 가지고 다니는 게 좋아요.

아, 참! 태국은 물티슈가 정말 비싸니 꼭 여유롭게 가져오세요(한 팩에 대략 5천 원). 기저귀는 한국에서 직수입한 하기스 등 백화점 슈퍼마켓에도 많이 팔고 있어요. 그리고 더운 곳이니 여행 시에는 수분 섭취에 꼭 신경 써 주셔야 해요.

응급 대비 방콕 병원 알아두기

방콕은 많은 외국인들이 거주하는 지역인 만큼 인터내셔널 병원이 잘되어 있다. 범룽랏 인터내셔널 병원은 굉장히 고가의 병원으로 의료시설 수준이 거의 호텔 못지않은 최고급이다. 여행자보험에 가입해 있다면 이 병원으로 가자. 비싼 가격만큼 질 높은 의료서비스를 받을 수 있다.

만약 여행자보험에 가입하지 않은 상황이라면 방콕 크리스천 병원을 추천한다. 병원 진료비를 태국인 환자와 똑같이 받고 있어 저렴하기 때문에 현지에 거주하는 한국인들이 많이 찾는 병원 중 하나이다.

병원에 따로 한국인 의사는 없지만 한국어 통역사들이 상주하고 있는 곳이 많다. 필요한 경우는 통역부로 전화해서 문의하자.

Bumrungrad Hospital(범룽랏 병원)

33 Sukhumvit 3, Wattana, Bangkok 10110

02-667-1000(대표)

02-667-1501(통역부 직통)

www.bumrungrad.com

Bangkok Hospital(방콕 병원)

2 Soi Soonvijai 7, New Petchburi Road, Huaykwang, Bangkok 10310

02-310-3000(대표)

09-814-3000(24시간급 전화)

www.bangkokhospital.com

Samitivej Sukhumvit Hospital(사미티웻 수쿰윗 병원)

133 Sukhumvit 49, Klongtan Nua Vadhana, Bangkok 10110

02-392-0011,0-2382-2000(대표)

02-381-3491(통역부 직통)

www.samitivej.co.th

The Bangkok Christian Hospital(방콕 크리스천 병원)

124 Silom Road, Bangruk Bangkok 10500

02-235-1000, 02-336-9819, 02-236-2911

info@bkkchristianhosp.th.com

※ 해당 의료 기관 정보는 2014년 03월 현재 상황으로 인터넷상에 공개된 내용을 토대로 작성된 것입니다. 혹시 모르니 전화로 예약하고 방문할 것을 추천합니다.

 소아과 의사선생님 **코멘트**

여행지에서 아기가 아플 때 간단한 응급처치 방법

열이 날 경우
열이 날 때는 미지근한 물에 적신 수건으로 몸을 닦아준 후, 마른 수건으로 나머지 물기를 닦아주세요. 굳이 옷을 다 벗길 필요는 없으며 손·발·등·이마 정도만 닦아주셔도 됩니다. 그래도 열이 가라앉지 않고 38도가 넘는 정도라면 해열제를 사용해야 합니다.

감기에 걸린 경우
가벼운 증상이라면 몸을 따뜻하게 하며 따뜻한 보리차를 자주 먹여 주시고, 열을 동반한 증상이 보인다면 해열제를 먹이는 것이 좋습니다.

설사를 하는 경우
특히 신생아의 경우, 설사는 탈수로 이어질 수 있기 때문에 수분 공급을 해주는 것이 중요합니다. 또한 설사가 잦아지면 기저귀 발진이 생길 가능성도 있으므로 엉덩이를 물로 깨끗이 닦아줄 필요가 있습니다.

상처가 생긴 경우
상처가 생긴 경우는 소독보다 지혈이 우선입니다. 깨끗한 거즈를 이용하여 5~10분 정도 지혈해줍니다. 심하지 않은 경우에는 지혈만으로도 충분한 응급처치가 됩니다. 그러나 상처 부위가 크다면 4~12시간 내 병원 치료를 해야 염증을 최소화할 수 있습니다.

피부 알레르기 반응을 보이는 경우
가습기 등으로 실내 습도를 높여주시고 비누는 되도록 사용하지 않는 것이 좋습니다.

여행에 대한
엄마들의 生生 talk

태교여행 편

홍콩 _ 3박4일 ♪♫

김장희, 서울
http://blog.naver.com/jangyah

Q_ 언제, 어디를 얼마나 오래 여행하셨나요?

임신 28주차에 홍콩에 3박4일간 다녀왔어요.

맛있는 걸 먹고 예쁜 야경이 보고 싶어서 떠난 여행이었는데 그런 면에서 홍콩은 괜찮은 태교
여행지였습니다.

추천 일정은 인터컨티넨탈 애프터눈 티세트와 홍콩 하면 빼놓을 수 없는 야경이죠. 스타의 거리에서 홍콩섬을 바라보며 즐기는 '심포니 오브 라이트'는 정말 환상이랍니다. 배 속에 있던 제 딸도 맛있게 먹고 멋지게 봤을 거라 생각해요. 두 곳 다 쉬엄쉬엄 먹고 쉬고 보기 좋은 장소였어요. 아무래도 임신해서 다니다 보니 힘들게 무리하기보다는 이렇게 쉬면서 다니는 여행 코스가 좋은 것 같아요.

Q_ 여행 중 가장 좋았던 순간은 언제였나요?

아무래도 '남편과 둘이 떠나는 마지막 둘만의 여행이다'라고 생각되는 바로 그 순간이었어요. 하나하나 더 소중하고 좋았답니다. 물론 배 속의 아기가 태어나 함께 여행 다니며 더 큰 행복을 느끼고 있지만 그래도 오로지 둘만의 여행은 마지막이어서 그런지 더 애틋하고 좋았던 것 같아요.

Q_ 여행 중 가장 힘들었던 순간은 언제였나요?

크게 힘든 건 없었고, 그냥 여행지에서 어떻게 컨디션 조절을 하고 쉬느냐가 중요한 것 같아요. 임신부는 컨디션이 그때그때 달라지기 때문에 본인의 몸상태를 살펴가면서 여행을 즐겨야 해요. 저 같은 경우도 힘들면 그냥 호텔로 와서 쉬고 그랬거든요. 무리하게 여행하지 않는 게 중요해요.

Q_ 꼭 필요하고, 유용했던 준비물은 뭐가 있나요?

임신 28주가 시작되는 시점부터 의사소견서를 요구하는 경우가 있어요. 저 같은 경우 생각을 못 하고 28주 때 비행기를 타려고 했다가 소견서가 없어서 좀 애를 먹긴 했거든요. 딱 날짜가 걸려 있었던 터라 그냥 태워 주긴 했지만 이때 가실 분들은 의사소견서 갖고 가시는 게 안전할 거예요.

Q_ 앞으로 여행을 떠날 예비맘 & 초보맘들에게 한마디 해 주세요.

태교여행지 선택 시 본인의 컨디션에 따라 여행지를 선택하시길 바라요. 개인적으로는 휴양지 위주로 가시길 더 추천해 드리고 싶어요. 저는 임신 기간에 하와이랑 홍콩 둘 다 다녀왔는데 역시나 하와이가 더 좋았어요. 홍콩은 아무래도 많이 돌아다녀야 하는 관광지라서 좀 힘들었거든요. 물론 호텔에서 쉬어 가며 다니면 되긴 하겠지만 그래도 간 김에 이것저것 보자는 욕심에 막 체력을 소모했던 것 같아요. 그래서 좀 피곤하기도 했고요. 휴양지에서 푹 쉬면서 힐링하다 오는 여행을 더 추천해드리고 싶네요.

여행에 대한
엄마들의 生生 talk

아기와 함께하는 여행 편

괌 _ 3박4일 ♪♬

오유진, 인천
http://blog.naver.com/odile23j

Q_ 언제, 어디를 얼마나 오래 여행하셨나요?

9개월 아기와 함께 괌에 3박4일 일정으로 다녀왔어요.

Q_ 여행 중 가장 좋았던 순간은 언제였나요?

아기와 밤마다 호텔 앞 해변을 산책했어요. 호텔에서 바다에 조명을 밝게 켜 놓아 아기를 안고 걷기에 안성맞춤이었죠. 아기를 품에 안고, 파도소리를 들으며 홀로 조용히 생각에 빠지는 그 시간이 정말 행복했어요. 아기를 키우다 보면 정신없이 하루가 흘러가 버리곤 하는데, 아무것도 하지 않고 조용히 걷는 그 시간이 얼마나 소중하던지. 은은하게 조명을 밝힌 수영장과 바닷가를 걸으며 나지막이 자장가를 불러주면 아이도 금세 잠이 들어서 여행 내내 잠투정 한 번 안 하고 푹 잤답니다.

Q_ 여행 중 가장 힘들었던 순간은 언제였나요?

아이가 미국산 액상분유를 먹고 있을 때여서 분유를 아주 조금만 가져갔어요. 괌이 미국령이니까 현지에서 쉽게 구입할 수 있을 거라고 생각했거든요. 그런데 첫날 호텔 체크인이 늦어지면서 마켓에 갈 시간이 없었고, 다음 날 방문한 마켓에서 분유는 구입을 했는데 젖꼭지를 안 파는 거예요. 할 수 없이 일회용인 젖꼭지를 세척해서 먹이고, 호텔에 부탁해 액상분유 젖꼭지를 파는 마켓을 수소문해야 했어요. 여행을 떠날 때는 항상 다른 사람들의 후기를 꼼꼼히 읽어보고, 특히 아기용품은 철저히 준비해야 한다는 교훈을 얻었어요.

Q_ 꼭 필요하고, 유용했던 준비물은 뭐가 있나요?

배낭과 통가였어요.

여행 가던 날 면세점에서 구입한 배낭을 여행지에서 정말 알차게 사용했어요. 혼자서 아기를 케어하며 비행기를 타고, 아기띠를 하고 돌핀크루즈에 참가하거나 유모차를 접어 들고 버스를 타거나 했는데 배낭 덕분에 두 손이 자유로워서 더 즐겁게 여행을 할 수 있었어요. 배낭이 없었더라면 짐 챙기느라 무척 피곤했을 거예요.

아기띠와 유모차를 가져가긴 했지만 혹시나 싶어 통가도 챙겼어요. 일본의 더위를 겪은 터라 괌처럼 더운 곳에서 괜히 땀띠라도 날까 걱정이 됐거든요. 실내에선 에어컨이 잘 나와서 아기띠나 유모차도 잘 썼는데, 물놀이할 때 통가의 진가가 발휘됐어요. 물놀이를 할 때 아기를 그냥 안고 있는 것보다 통가를 하는 게 몸에 밀착돼서 훨씬 안전하고, 물에 젖어도 금세 마르니까 편했어요.

Q_ 앞으로 여행을 떠날 예비맘 & 초보맘들에게 한마디 해 주세요.

저는 최대한 꼼꼼하게 일정을 챙기는 편이에요. 선택 관광도 출발 전에 미리 예약해두고, 어느 식당에서 어떤 메뉴를 주문할지, 이동시간과 교통편은 물론 요금까지 조사해서 예산을 세우고, 거기에 맞춰 환전을 하거든요. 환전해간 돈은 매일매일 예산만큼만 지갑에 넣고 나머지는 호텔 방에 비치된 금고에 보관해요. 이렇게 하면 지갑을 잃어버리거나 소매치기를 당해도 여행 전체를 망치지 않을 수 있고, 예산이 확실히 짜여 있기에 과도한 쇼핑을 막을 수 있거든요.

또, 선택 관광은 사전에 예약하면 할인을 해주는 경우도 있고, 인기 있는 식당은 예약해두면 힘들이지 않고 맛있는 식사를 즐길 수 있지요. 아이를 데리고 다닌다면 공연시간이나 가게 영업시간을 챙기는 건 필수고요. 제가 9개월 된 아기와 단둘이 해외여행을 간다고 했을 때, 모두 반대했어요. 혹시나 저처럼 어린아이와 둘이 여행을 한 엄마가 있나 검색도 해봤지만 없더라고요. 그러면 내가 선구자가 되어 보자 하는 마음으로 여행을 떠났어요. 철저히 준비만 잘하면 괜찮을 거란 자신감을 갖고, 한 달 동안 정말 열심히 정보를 모았죠. 카페도 여러 군데 가입하고, 가이드북도 이것저것 읽어 보고요. 또 평소 아이와 외출을 자주 하며 아기의 성향을 파악했어요. 집 안에서와 밖에서의 행동이 무척 다르더라고요.

여행은 생각했던 것보다 훨씬 더 즐거웠어요. 오랜만에 느끼는 일탈의 해방감이 있었고, 여행 내내 아기와의 관계가 더욱 깊고 친밀해진 느낌이었어요. 엄마로서의 자신감도 얻었고요. 지금은 아이와 어디든 함께 갈 수 있을 것 같아요. 아기와의 여행을 꿈꾸고 계시다면 철저히 준비해서 과감히 떠나보세요. 분명 행복한 추억이 될 거예요.

제주도 _ 2박3일 ♪♫

김새봄, 경기 분당
http://blog.naver.com/spring8103

Q_ 언제, 어디를 얼마나 오래 여행하셨나요?

16개월 아기와 함께 제주도에 2박3일간 다녀왔어요.

Q_ 여행 중 가장 좋았던 순간은 언제였나요?

저는 여행의 모든 과정을 좋아해요. 설레는 여행계획, 비행 중에 만나는 하늘과 구름, 여행지의
낯선 언어와 간판들, 사람들과의 만남과 친절, 다시 돌아갈 준비를 하는 아쉬운 마음까지……
하지만 말로 표현할 수 없을 정도로 값진 경험은 '가족'과 '사랑'을 느끼는 거예요.
낯선 곳의 쇼윈도에 비친 우리 세 식구의 모습, 환하게 웃고 있는 모습이나 손잡고 걸어가는 발
걸음 같은 찰나의 그 멋진 순간을 같이하고 있다는 게 정말 좋은 거지요!

Q_ 여행 중 가장 힘들었던 순간은 언제였나요?

제주도 여행 중 비행기 안에서 있었던 일이에요. 지금까지의 여행과 비행이 전부 순조로워서
제가 방심한 나머지 비행기 안에서 아기의 주의를 끌 만한 것들(예를 들어, 장난감·간식 등)

을 가지고 탑승하지 않은 거예요. 이리저리 움직이고 싶어 하는 아기를 무릎에 가만히 앉혀 이착륙하는 시간이 가장 힘들었어요. 순간적으로 너무 울어서 당황했고, 창피하기도 해서 의연한 대처를 하지 못했어요. 진상방지용 간식과 장난감은 필수라는 걸 잊지 마시고 아기가 울더라도 당황하지 마세요!

Q_ 꼭 필요하고, 유용했던 준비물은 뭐가 있나요?

분유와 이유식 저장팩이요. 여행이나 외출 시 아기 짐을 줄이고 엄마의 휴대성을 높이는 일등 공신이에요. 요즘에는 스틱분유나 액상분유도 많이 사용하지만 제조사마다 나오지 않는 곳도 있잖아요. 그럴 때 분유 소분해서 넣어 가고 이유식 만들어서 얼려 가면 먹이기도 쉽고 처리도 간편하답니다.

Q_ 앞으로 여행을 떠날 예비맘 & 초보맘들에게 한마디 해 주세요.

아기와 가족 모두 고생스러울까 주저하는 마음이 저도 있었답니다. 조금의 용기와 꼼꼼한 준비 만 더해진다면 가족 모두 편안하고 즐거운 여행이 될 수 있어요. 무엇과도 바꿀 수 없는 행복한 추억을 만들어보세요!

파타야 & 방콕 _ 7박8일 ♪ ♫

이미석, 서울
http://blog.naver.com/nachme1101

Q_ 언제, 어디를 얼마나 오래 여행하셨나요?

23개월 아기와 함께 태국 파타야와 방콕을 7박8일 일정으로 다녀왔어요.
태국은 관광대국이라 관광객을 위한 시설이 잘돼 있을 거라고 생각했어요. 특히 방콕이랑 파타
야는 호텔 전쟁이라고 할 만큼 시설이나 서비스 좋고 가격도 싼 호텔이 많아서 아이를 고려해
고를 수 있는 옵션이 많아 선택했습니다.

Q_ 여행 중 가장 좋았던 순간은 언제였나요?

파타야의 호텔에서 보냈던 시간이에요. 파타야는 보통 시내에서 많이 묵으시는데, 저희는 아이
가 23개월이어서 관광은 아예 포기하고 시내에서 떨어진 조용하고 수영장이 많고 프라이빗 해
변이 있는 호텔로 골랐습니다. 그곳에서 하루 종일 수영하고, 피곤하면 호텔방에서 쉬었는데 가
장 높은 층을 받았고 파타야의 아름다운 석양을 볼 수 있어서 참 좋았어요. 하지만 어떤 여행이
건 아기가 행복해하고 여유 있는 시간을 가질 수 있을 때가 가장 좋은 것 같아요.

Q_ 여행 중 가장 힘들었던 순간은 언제였나요?

방콕에 갈 때 좀 싸다고 낮시간대에 홍콩에서 경유하는 비행기를 골랐어요. 이건 정말 NG였어요. 아침부터 비행기를 태우니 자지도 않고, 하루 종일 사방팔방 비행기 견학을 시켰어요. 좁은 비행기를 아기가 왔다 갔다 하면 다른 승객들도 불편하죠. 그전까진 주로 밤비행기를 타고 다녀서 애가 항상 잤는데 전혀 자지도 않고, 너무 팔팔한 거예요. 두 번째 비행기 탈 땐 또 지쳐서 짜증내고……. 그나마 밤비행기가 아니라 자는 사람이 별로 없어서 다행이었어요. 요새는 웬만하면 밤비행기에 타기 전까지 비행장에서 두 시간은 뛰게 하고 비행기에 타요.

그리고 에어컨 문제! 아기가 어리면 어른보다 냉방 조절에 더 신경을 써야 하는데, 파타야에서 방콕 오는 길에 택시운전사에게 에어컨 온도를 높여 달라는 걸 깜박했어요. 태국 사람들도 정말 에어컨 강하게 틀더라고요. 시베리아 같은 택시를 타고 두 시간을 왔더니 애가 결국 감기에 걸렸어요. 다행히 크게 나빠지진 않았지만, 타국에서 애가 콜록거리니 난감하더라고요. 그때부터 에어컨은 웬만하면 안 틀려고 노력해요.

Q_ 꼭 필요하고, 유용했던 준비물은 뭐가 있나요?

지퍼백이요. 항상 지퍼백을 두 상자 정도(큰 거, 작은 거) 가져갑니다. 기저귀를 썼을 때는 기저귀를 갈고 백에 넣어서 가져올 수 있고, 아기 옷도 분류해서 넣기 좋아요. 수영을 하거나 해변에 나갈 때도 지퍼백에 아이 물건이나 젖은 것들은 넣어 두면 찾기도 쉽고, 섞여서 물건이 엉망이 되거나 하지 않아서 좋더라고요.

Q_ 앞으로 여행을 떠날 예비맘 & 초보맘들에게 한마디 해 주세요.

아기랑 처음 여행을 가면 태교여행 때보다 훨씬 힘들답니다. 장시간 버스나 비행기 안에서 울어대는 아기를 보면 엄마는 신경쇠약 직전의 여자가 되죠. 하지만 일단 간 이상 너무 스트레스 받지 마세요. 부모가 힘들어 하면 아기도 영향을 받는 것 같더라고요. 부모도 즐길 수 있는 여유 있는 여행이 좋지 않을까 해요.

하와이 _ 5박7일 ♪ 🎵

박인주, 도쿄
http://blog.naver.com/happyinju

Q_ 언제, 어디를 얼마나 오래 여행하셨나요?

아기가 15개월 때 하와이 5박7일 여행을 다녀왔어요. 하와이는 내게 아주 특별한 여행지예요. 임신 28주 때 아기를 배 속에 품고 설레는 맘으로 떠났던 내 인생 최초의 태교여행지이자 아기가 태어나고 1년 반 후, 셋이서 다시 함께 떠난 최고의 가족여행지이기 때문이죠.

Q_ 여행 중 가장 좋았던 순간은 언제였나요?

태교여행 때 한 번 가봤던 곳이라 가족여행 때는 여행루트며 일정을 느긋한 마음으로 여유롭게 즐길 수 있어서 여행 내내 만족도가 높았던 것 같아요. 특히 둘이서 사진을 찍었던 추억의 포토존에서 셋이 되어 또다시 사진을 남겼을 때 가장 감회가 새로웠고, 감동이었죠.

Q_ 여행 중 가장 힘들었던 순간은 언제였나요?

아기를 데리고 간 여행이다 보니 많은 부분을 신경 써야 했지만, 그중 가장 염려했던 부분이 시차였어요. 일본과 하와이 현지는 19시간 차이라 어른도 적응하는 데 꼬박 하루는 소요되는데,

우리 아기는 여행 내내 출발 전 현지시각 리듬대로 움직여 주는 덕분에 낮 동안은 장시간 딥 슬립, 그리고 새벽 늦게까지 좀처럼 취침하지 않는 일관성으로 엄마아빠에게 여행 동안 무릎까지의 다크서클을 선물했죠(뭐 이런 게 여행의 묘미겠지만).

시차를 염두에 둬야 하는 장거리 여행이라면 아기가 스스로 수면패턴과 시차에 적응할 수 있을 정도의 나이가 되었을 때가 조금은 더 편한 여행이 될 수 있지 않을까 싶어요. 아기의 컨디션과 여러 상태들로 힘든 일정이라면, 여행의 의미가 무색해지니까요.

Q_ 꼭 필요하고, 유용했던 준비물은 뭐가 있나요?

휴대용 유모차와 레토르트 이유식이었어요.

관광과 쇼핑으로 루트가 다양하다 보니 도보로의 이동거리도 꽤 있는 편이었어요. 휴대용 유모차는 아이를 데리고 움직이는 것뿐 아니라 많은 짐을 수납하기에도, 또 쇼핑한 짐들을 걸고 이동하기에도 편리하고, 아기가 낮잠을 잘 때 눕혀 놓을 수도 있어서 더없이 요긴했어요!

우리 아기(15개월)는 이유식 단계가 지나고 일반식이 가능하긴 했지만 호텔 조식 이외에는 먹을 수 있는 음식의 종류가 많지 않아서 끼니마다 아기의 밥이 고민이었어요. 여행 내내 아기들의 영양을 제대로 보충시켜 주지 못하고, 성인 위주의 식단이 늘 미안했는데, 넉넉히 챙겨 간 레토르트 이유식들이 큰 도움이 되더라고요. 장소 불문, 개봉해서 바로 먹일 수 있고, 휴대도 용이, 게다가 놓친 영양부분도 챙길 수 있으니 여행 내내 완소 아이템이었어요.

Q_ 앞으로 여행을 떠날 예비맘 & 초보맘들에게 한마디 해 주세요.

발품을 팔면 더 싸고 예쁜 물건을 득템할 수 있듯, 여행도 마찬가지인 것 같아요. 여행 전에 여행지에 대해서 최대한 많은 정보의 수집과 공부가 있어야 여행지를 백 배 보고 즐길 수 있다는 게 저의 지론이에요. 예전 유럽여행 때의 일이에요. 발 가는 대로, 느낌 가는 대로 떠나보자고 아무런 정보와 계획 없이 떠났던 여행에서는 물론 감흥도 컸고 추억도 많았지만, 돌아오고 나서야 그 귀한 여행시간 동안 놓치고 왔던 많은 부분들에 대해 후회가 크더라고요. 기회와 여유는 쉽게 오지 않는 법이니까. 따라서 무조건 여행지에 대해 공부하고 닥치는 대로 정보를 모으고 있어요. 그게 여행을 통해 남는 것, 그리고 남길 것도 많을 것이니까요.

태교여행은 배가 불러서 힘들지 않을까. 아기와 함께 가는 여행은 또 아기들이 행여 아프지는 않을까 하는 노파심을 비롯해 여행을 결정하기까지 수많은 고민들이 있을 거라 생각해요. 하지만 티켓을 끊고 난 순간부터 모든 걱정은 뒤로하고, 뱃속의 아기와, 혹은 우리 예쁜 아기와 함께할 여행 기간에 어떻게 하면 더 즐거움으로 꽉 채우다 올지 생각하고 행복한 여행을 위한 준비에 힘을 쏟아 보세요. 여행이 주는 힘은 대단해요. 가득 싸온 추억들의 힘으로 또다시 태교와 육아에 전념할 수 있도록 떠나보는 건 어떨까요. 기회와 여유는 좀처럼 오지 않을 테니까요. 모쪼록 엄마와 아기 모두가 행복한 여행되시길 바라요.

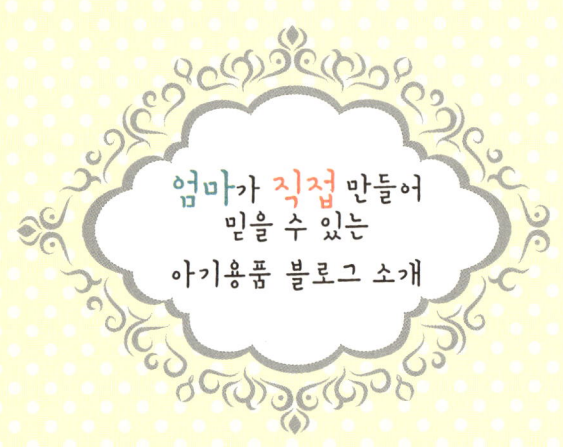

엄마가 직접 만들어
믿을 수 있는
아기용품 블로그 소개

♥ **미미씨엘** http://blog.naver.com/fredyoo11

조금 세련됐다 싶은 엄마들은 다 가지고 있는 듯한 미
미씨엘 블랭킷. 북유럽 감성에 시크한 분위기가 매력
적이다. 블랭킷뿐만 아니라 직접 제작한 멋진 아동복
까지 맘에 꼭 든다.

♥ **플라키키** http://blog.naver.com/chipchip22

아동복을 만들게 된 블로거의 특별한 사연을 알고 나
면 소재는 무조건 안심! 플라키키에서만 만날 수 있는
'플키츠'를 비롯하여 디자이너 감각의 멋진 아이템들
을 착한 가격으로 구입할 수 있다.

♥ **위드제이** http://blog.naver.com/mina6813

블로그를 보다 보면 딸을 낳고 싶다는 생각이 마구 든다. 디자인과 색감 센스가 놀랍다. 시즌 한정으로 제작하니 구매를 원한다면 서두르자. 위드제이의 간판 아이템은 도로매트와 구름키재기!

♥ **수아비** http://blog.naver.com/hay9208

블로그 가운데 핸드 메이드 시장의 원조라고 할 수 있는 수아비. 엄마들이 좋아할 만한 멋진 아이템들이 시즌마다 업데이트된다. 수아비만의 심플한 블랙&화이트의 디자인이 매력적이다.

♥ **아이라** http://blog.naver.com/spring8103

이렇게 세련된 아기용 스카프는 어디에도 없을 듯하다. 동경문화복장학원 의상 전공 출신인 블로거의 수제 아이템과 해외 아이템의 셀렉숍. 제작 아이템 외에도 지금까지 몰랐던 해외 브랜드의 러블리한 아이템들을 구경하고 구입할 수 있다.

♥ **코노키즈** http://blog.naver.com/kkiko79

유니크하면서도 고급스러움이 느껴지는 제품들. 신상품이 나올 때마다 얼마나 즐겁게 고민하였는지 느껴보고 있으면 같이 즐겁다. 베스트셀러 아이템인 '디어매트'를 포함하여 상품 가짓수가 많지는 않지만 모두 소장 가치 100% 아이템들이다.

♥ **먼들이** http://blog.naver.com/namyee2

주로 리버티를 사용한 아이템으로 리버티 원피스/블
라우스를 기본으로 겨울에는 리버티 목도리까지. 아들
용으로 리버티 셔츠도 좀 만들어주셨으면 좋겠다. 블
로거들 세계에서는 이제 리버티 하면 먼들님이 연상될
정도로 베스트셀러 아이템들이다.

♥ **애플윤** http://blog.naver.com/marcyj

발이 금방 금방 크는 아이들. 한철 신기기 위해서 매번
브랜드 신발을 사주려면 그것도 꽤 부담이다. 메이드
인 코리아의 소가죽 신발을 합리적인 가격으로 판매하
는 콩나무. 제작 아동복 및 양말도 너무 좋아하는 아이
템이다.

♥ **꼬까참새** http://blog.naver.com/kokkacharm

집에서 입는 실내복을 매번 비싼 걸 사줄 수도 없
고, 만 원대 가격으로 마트 가서 사자니 마음에 안 들
고……. 그러던 중 극적으로 만나게 된 북유럽풍 실내
복 꼬까참새! 국내산 면 100%에 합리적인 가격, 세련
된 디자인까지, 안 살 이유가 없다. 완소라는 건 이럴
때 사용하는 표현.

♥ **Owink** http://blog.naver.com/dupage

요즘 대세인 리버티로 만든 수제 팔찌! 아기 이름 이니
셜 넣어도 좋고, 전화번호 넣어서 미아방지 팔찌 혹은
목걸이로 사용해도 좋다. 꽃무늬가 은은하고 격이 느
껴져 친구들 출산선물로도 의미 있고 좋을 것 같다.

♥ **슈퍼 마르쉐** http://blog.naver.com/boyswood

벤시몽과 무밍 등 프랑스, 북유럽 직구를 도와주는 슈퍼 마르쉐. 매번 핫한 아이템이 바뀌어 구경하는 재미가 쏠쏠하다. 예쁜 것만 쏙쏙 골라와 여는 '팝업스토어'도 그녀만의 시크지수 100% 아이템들이 가득!

♥ **마이 리틀 클로젯** http://www.mylittlecloset.co.kr

북유럽 브랜드들이 모두 모인 셀렉트숍이다. 내 사랑 미니로디니와 누누누, 마키에, 에이프릴 샤워즈를 직구가격과 큰 차이 없이 구입할 수 있다. 해외 키즈 트렌드를 반영한 액세서리와 소품들도 언제나 위시리스트에 올려져 있다.

에 필 로 그

내가 어렸을 때, 우리 가족은 여행을 참 많이 다녔다. 여행을 좋아하시는 부모님은 방학 때마다 산이며, 바다며, 계곡이며 우리 3남매를 여기저기 참 많이도 데리고 다니셨다. 그때의 행복한 기억들이 30 중반을 넘긴 지금도 아직 나를 지배한다.

적당한 자리를 찾아 텐트를 치고 도시락통 같은 코펠에 밥을 해 먹던 캠핑의 기억도 참 생생하다. 텐트 안에 몇 겹의 요를 깔았음에도 불구하고 등에 느껴지는 울퉁불퉁한 돌맹이들이 뭔가 불편하면서도 야외에서 잔다는 그 설렘에 잠을 이루지 못하던 밤. 동글동글 말린 모기향의 매콤한 냄새와, 밖에서는 여름 곤충들의 소리와 함께 어른들의 두런두런 이야기소리, 이따금씩 다 같이 웃는 소리에 왠지 기분 좋아져서는 어느덧 스르르 눈이 감겼다. 그날의 하늘은 밤이 늦도록 까만색이 아니라 군청색이었다.

지금도 가끔씩 군청색 하늘을 보면 그날이 기억나곤 한다. 힘든 일이 있거나 혼자 있을 때 떠올리면 입가에 미소가 지어지는 행복하고도 그리운 내 어린 시절의 단면들.

내 아이도 행복한 유년의 기억을 많이 가지고 커줬으면 좋겠다. 그리고 어른이 되었을 때, 시간이 많이 흘렀을 때도 그 기억들이 언젠가 아이에게 힘이 되어주기를 바란다. 내가 그랬던 것처럼.

요즘 드는 생각은 결혼을 하니 참 좋고, 아기를 낳으니 더 좋다는 것이다. 결혼으로 평생의 여행을 함께할 파트너를 얻었고, 출산으로 또 한 명의 작은 여행친구가 생겼다. 그리고 나는 지금까지의 여행과는 또 다른, '느린' 여행의 매력을 알아가는 중이다.

지금은 두 살인 우리 아기가 어느 정도 이야기를 할 수 있는 나이쯤이 되면 나는 거실에 국내지도와 세계지도를 달아줄 생각이다. 지금까지 우리가 다녀온 곳에 빨간색 색연필로 동그라미를 그리고, "그래, 여기는 바다가 참 예뻤지", "여기는 사람들이 정말 친절했어" 하며 같이 추억을 나누고 싶다. 그리고 크고 작은 여행을 통해 나눔을 배우고, 서로가 '틀림'이 아닌 '다름'을 인정하는 멋진 어른으로 성장해주었으면 하는 부모의 교육적인 욕심도 살짝 부려 본다. 그렇게 나의 작고 어린 여행친구와 함께 여행을 이야기하고 미래를 기대하는 그런 날을 꿈꾼다.

마지막으로 여행이 즐거운 이유는 돌아올 수 있는 집이 있어서라는 것을 항상 느끼며 내게 항상 물리적·심리적으로 따뜻한 보금자리를 제공해주는 나의 가족들에게 감사한 마음을 전하고 싶다.

Thank you

내게 매일 새로운 생명을 주시는 하나님 아버지께 감사와 영광을 돌립니다. 내 삶의 모든 과정과 결과는 그분의 인도하심임을 믿습니다.

이 세상에서 그 누구보다도 내 편인 남편과 보석 같은 하준

이 책을 쓸 때 가장 큰 공헌자인 남편. 남편의 배려가 없었다면 아무런 시작도 못했을 거예요. 지금까지도 완벽한 내 편이고 앞으로도 영원할 내 편. 사랑하고 감사합니다. 그리고 책을 쓰면서 몇 번의 슬럼프 중에서도 마지막까지 포기하지 않도록 힘을 준 유일한 동기부여는 하준이가 다음에 커서도 이 책을 보고 엄마를 생각해줬으면 좋겠다는 것이었어요. 하준아, 앞으로도 엄마 아빠랑 즐겁게 여행 다니자. 사랑해 우리 아기곰!

부산 & 서울 식구들

크게 잘난 건 없지만, 내 삶이 당당하고 나 자신의 존재가 특별하고 존귀하다고 느끼며 사는 것, 내가 가장 나답게 자랄 수 있었던 건 우리 부모님 덕분이라고 고백합니다. 지금 하준이와 나의 관계가 그러하듯이 내 삶의 첫사랑이며 영원할 사랑, 나의 부모님. 존경하고 사랑합니다. 항상 자기 일같이 발 벗고 나서주는 문혜, 응원해 주는 동겸도 고마워!

광주 & 세종 식구들

항상 부족한 저를 사랑으로 감싸안아 주시는 광주 부모님 사랑하고 감사합니다. 주신 사랑에 조금씩 조금씩 보답하며 살아갈게요. 항상 건강하세요. 세종 가족들의 사랑과 응원도 큰 힘이 되었습니다. 감사해요! 막내 덕분에 책 마무리할 수 있었어. 너무 고마워, 잊지 않을게!

소울메이트

도쿄와 한국에서 늘 나를 응원해주는 나의 친구들, 동생들, 언니들, 오아시스 같은 그대들 소울메이트들이 있어서 난 행복하다오. 하린맘 연욱 언니, 태국 여행을 언니랑 같이 가지 않았다면 이 책도 아마 없었을 거야.

Special Thank You – 이 책의 출판에 도움을 주신 분들

바쁘신 가운데 추천사와 여행자문에 도움 주신 허달혁 선생님, 전영석 선생님, 멋진 일러스트로 책의 분위기를 살려준 연주 언니, 현지에서 멋진 정보를 제공해 주신 하와이의 케리 님, 태국의 주이킴 님, 세 아이 엄마 님, 아이와의 여행에 값진 정보를 제공해주신 블로거 보네르 님, 이미석 님, springbeat 님, 오딜 님, 마메짱 님. 또한 책의 출간 이벤트를 위해 생판 얼굴도 모르는 저에게 쿨하게 이벤트 상품 협찬을 해주신 미미씨엘 님, 플라키키 님, 허미미 님, 위드제이 님, 륀 님, springbeat 님, 먼들이 님, 애플윤 님, 꼬까참새 님, (얼굴은 알지만 감사한 마음은 동일한) 마리 님, 오즈맘 님, 멋진 피크닉을 스타일링 해준 수진 님.

1년 넘는 기간에 묵묵히 기다려주시고 이것저것 직전의 수정요청까지 다 조정해주신 가연 님과 지은 님, 효은 님, 제게 이런 좋은 기회를 주신 출판사의 편집장님께도 무한한 감사의 인사를 전합니다.